水島工業高校MECIAプロジェクト 編・著

発刊の言葉

この度、岡山県立水島工業高等学校創立50周年記念事業として行いました、「エアロメシアプロジェクト」において、エアロメシアが見事初飛行に成功したことを祝して、挑戦の過程を本にまとめて、同校同窓会から出版させていただく運びとなりました。

この本は、「未知への挑戦」と題して、足掛け7年間にもわたる工業高校生と教師の悪戦苦闘の模様を、設計（CD付き）から完成の段階まで詳しく紹介したものです。

製作にあたっては、我々は飛行機の製作では全くのド素人で、施設設備もネエ・資料もネエ・技術もネエ・金もネエという、吉幾三さんの「♪テレビもネエ……♪」の歌の世界のような環境の中で取り組みました。したがって、新素材とか、トライブリッドとか、環境配慮とか華々しい言葉も多用しておりますが、技術的には稚拙で、本として出版させていただき皆様にお読みいただくには、お恥ずかしいことだらけではないかと思います。しかしながら、どうか、諸般の事情をお汲み取りいただき、工業高校生が夢を追いかけ、無謀とも言える次世代の飛行機に挑み、汗を流して完成にこぎつけ感涙した姿や、試行錯誤の姿に触れていただけたらと思っています。

尚、第1・2章では、携わった者として気づき感じた事を、生意気にも述べさせていただいております。言葉足らずで、また内容的にもご批判のあるところではないかと思っています。どうぞ、不逞の輩が馬鹿げた事を述べているなと、一笑に付してお読み頂ければ幸甚に存じます。

発刊によせて

竹下　重樹（同窓会長）

このプロジェクトの当初、後輩達が「太陽光や燃料電池を利用した一人乗り飛行機の開発に挑戦し、成功させて世界初を目指す」と言う話を耳にしたあの時、何とも言えない超不安と期待感が頭をよぎりました。

それから7年後の平成27年10月、関係者一同が固唾を呑んで見守ったお披露目飛行で、全長6.5m、両翼幅14m、水工カラーのブルーと白色に塗り分けられた機体がさっそうと登場し、三宅教諭が操縦する一人乗りエアロメシアは、滑走路から空中へと見事に羽ばたいたのです。その雄姿と、あの瞬間の強烈な感動は、卒業生の一人として参加した、私の心に今も鮮烈に焼き付いています。

今回、取り組んだエアロメシアプロジェクトは、飛行機の知識のある人からは「99％無理だ」と言われたそうですが、生徒・教員はたったの１％の残りの可能性に賭けたのです。それゆえに、多くの越えなければならない課題と、数々の技術テーマの高いハードルを克服する為、新技術の研究・開発が絶対条件となりました。カット＆トライをこつこつと繰り返し、多くの失敗の失望と成功の喜びを感じながら、想像を絶する試練の毎日の中から、物づくりの活動を一から学んだ訳です。

これら活動の足跡を、物づくりの技術や心構え等、ソフト・ハードの両面から総合的に取りまとめて、本にして出版することは、これからも新しい事に挑戦し続けて行くという母校の姿勢の表れであり、誠に意義深いことであります。そこで、従来から「母校発展の為には如何なる協力も惜しまない」、ということを同窓会は活動の柱として取り組んでまいりましたので、出版に協力することにいたしました。

ご援助いただきました企業各社ならびに関係者の皆様、そして本書の企画・編集・出版にご尽力を頂きました皆様に深く感謝の意を表します。それとともに、本書が同様に物づくりを学ぶ全国各地の工業高校の教員・生徒、更には関連産業分野の皆様方に何がしかの参考となれば幸いです。

中塚　総一郎（岡山グライダークラブ主任教官）

岡山県立水島工業高等学校の関係者から「学校の50周年事業として飛行機を造りたい、ついては実機の見学をお願いしたい」という申し出があったのは、何年前のことだったでしょうか？。

鳥人間大会で、人力部門が脚光を浴びていることを思い浮かべ、ああいうものを造りたいのでしょうかとお伺いしましたが、そうではないようで、工高生のチャレンジとしては高い目標だと感じました。

人力飛行機のような特殊な条件のもとで飛行する飛行機ではなくて、実用を目指した飛行機を試作とはいえ、取りまとめることは、並大抵ではありません。どれだけ本気で取り組むのか、疑問に思うところもありました。しかし、実際に見に来られた生徒さん、先生の熱心な態度に、これは本格的なものが出来るのかなと、期待が膨らみました。水島工業地帯のルーツは飛行機造りの会社であり、地域を上げて飛行機を造ったという過去の実績を考えれば、水島という名前を冠とした工業高校で70年ぶりに飛行機を設計し飛ばすということに、どれほどの意義と期待があることなのかは、理解するに難くないことです。それだけに、取り組む生徒さんも、指導する先生方もずっしりと重い荷物を背負ったのではないかと思いました。

実際に作業が始まってから、何度か途中経過をお聞きし、製作現場の見学もさせて頂きましたが、大変丁寧に手順を踏んで生徒さんの意見や工夫も入れて造り上げていく様子に感心しました。もう、飛ぶものが出来ることに疑いはない、ならば、飛ばす機会を是非にも作って上げなくてはいけないと思いました。幸いなことに県内でテストフライトをする場所があり、根気よく航空局と交渉した先生方のおかげで、生徒さんが自分達の造った飛行機が飛ぶ姿を見ることが出来たことは何よりのご褒美だったのではないでしょうか。

岡山県は、江戸の昔から飛ぶことに夢を持った人達を多数輩出しており、航空に関しては特異県だと思っています。製造に関しては戦後の航空機製造自粛の期間にすっかり遅れを取ってしまったわけですが、一方、利用面では先端を走り続けており、日本唯一の小型機専用空港（岡南飛行場）、日本初のドクターヘリ導入など、意識と環境は決して悪くない状況です。この中で、高校生達が新素材のカーボン繊維を使い、電気エネルギーで自力発航させ、実際に飛ぶ飛行機を造ったということは、最後の壁である航空機製造という大きな壁に向かってチャレンジする良いきっかけになったと思います。

よく頑張った！！今度は世界を飛び回る飛行機造りに参加しよう！と声を掛けたいと思います。

川上　学（元学校長）

「オオー，飛んだ、飛んだー。」電動プロペラの推進力で加速しながら疾走する、白に鮮やかな水色をあしらった機体が、滑走路から飛び上がった瞬間、今か今かと固唾を呑んで見守っていた、多くの人々の間から、一斉に声が上がりました。県立水島工業高等学校（以下、「水工」と言う）の生徒や教員が、創立記念事業の一環として製作に取り組んだソーラー飛行機の飛行のお披露目行事が、平成27年10月17日、笠岡の飛行場で開催されました。その飛行を目の当たりにし、水工のものづくりの底力を再認識するとともに、「よくぞ、ここまで到達したものだ！」と製作に関わった生徒や、その指導にあたられた先生方の苦労が頭をよぎり、感動が込み上げて来ました。

この飛行に至った発端は、「水工は、平成24年創立50周年を迎える。本校にとっては大きな節目でもあり、水工に相応しい事業に取り組みたい。」という教員からの一言でありました。何をどうするか、具体案が出ないまま時間だけが経過して行きましたが、ある時、飛行機を造って飛ばしたらどうか、本校らしく環境に配慮した飛行機を製作してはと言う意見が出されました。そして飛行機の製作や飛行に関する専門的な知識・技術を有しないと言っても過言でない工高の生徒・教員が、一から試行錯誤を繰り返しながらソーラー飛行機を製作し、実際に飛行させると言う一見無謀とも言えるプロジェクトがスタートしました。スタートはしたものの、課題が山積していました。そんな中で行われたペーパハニカムと炭素繊維・樹脂とで製作された主翼の桁の強度テストを、今も忘れることは出来ません。高価な桁を何度も何度も試作し強度試験を繰り返すたびに、二つに折れた無残な姿の桁が持ち込まれました。折れてしまえば、また最初から製作しなければなりませんし、その材料や資金の調達で新たな問題が生じます。このように次から次へと生じる問題を開校以来、先輩達から後輩へ延々と引き継がれて来た「水工パイニア・フロンティア・チャレンジ精神」や「てま・ひま・あたま・なかま（四ま主義）」の合言葉で表現されるものづくりの精神で、生徒と先生方が一つひとつ解決しながら、実際の飛行まで到達されました。

私は、このプロジェクトの初期段階の短期間、水工教員の一員として協力させていただきましたが、自分達の力だけで機体を製作することや、更にその飛行が成功することをひたすら信じて取り組んできた生徒や卒業生、その計画の立案から製作まで寝食を忘れ、根気強く生徒の指導にあたって来られた先生方に改めて敬意を表します。そして開校以来培ってきたものづくりのチャレンジ精神が後輩に引き継がれ、新たなものづくりを通じて、工業高校としての水工が、益々発展することを願ってやみませんん。また技術指導や材料提供等、多方面でご理解とご協力を賜りました多くの皆様と企業の方々に厚く御礼申し上げますとともに、今後もご支援賜りますようお願い申し上げます。

中桐　上雄（元学校長）

本校へ赴任早々の平成23年4月、平成24年度の創立50周年に向けて、「エアロメシアプロジェクト」が進行していることを知りました。平成21年度から、新たな活気ある水工の象徴となる5科が連携し、取り組んでいるプロジェクトです。これは環境に優しいトライブリッド式有人電動飛行機の製作という、世界初の挑戦でした。

「99%成功しないから、止めておけ！」と何度も忠告を受け、暗中模索で将に手探りの状態でした。しかし本校で「カーボンハニカムコンポジット真空成型法」という新たな技術の開発に成功し、主翼の桁が1トンの荷重に耐えた時、一条の光がさしました。

プロジェクトに参加している生徒は、放課後、土曜日、そして長期休業中の期間を利用し，機体の製作、強度試験、軽量化に向けて努力を続けました。旋盤や溶接作業で試作したものを、カーボン素材に変換するという困難な作業に、無類の情熱と精神力を持って取り組みました。授業や実習を通して得た知識や経験を基に、夢を語る仲間と共に、生徒・教職員が一体となって飛行機の完成を信じて取り組んでいる姿に、頼もしさと無限の可能性を感じました。

H24.11.22　創立50周年記念式典での機体展示。

そしてH25.5.25　エアロメシア披露式典。

プロジェクト発足から5年目、試行錯誤を繰り返して完成した機体が、試験走行の日を迎えました。生徒の思いを受け継ぎながら完成した機体の、飛行成功を予感させる力強い走りを見て、生徒、教職員の喜びもまたひとしおでした。

さらにH26.3　自動車による牽引飛行の成功。とうとう飛行に成功しました。

「パイオニア・フロンティア・チャレンジ」の三つの精神、さらには生徒教職員が一体となったファミリー精神。「てま・ひま・あたま・なかま」の四ま主義。これらを活かし、先を見据えて本物を目指した本校らしい取り組みは、工業高校のすばらしさを示すものであったと思います。

全国産業教育フェアでの展示、岡山県議会議員団の視察、NHK総合テレビでの放映など、各方面から注目され、多くの賞賛をいただきました。

「グランドで滑走能力試験用台車に乗り、デモンストレーション走行した時の感動！」「プロジェクトへの最後の参加生徒が、卒業式の後掛けてくれた感謝の言葉！」、「飛行機の主翼を支えた桁の一部という退職祝い！」このプロジェクトに携わったことで、人生の中でも大きな贈り物をいただいたように思います。そして迎えた年度末、3月31日、「飛べ！エアロメシア～夢をのせて～」と祈りつつ、充実した教員生活を締めくくる退職の日を迎えました。

終わりになりましたが、飛行成功に心からお祝い申し上げます。「想いは叶う！」ものだと改めて感じております。私自身にも夢と感動をあたえて下さった生徒並びに先生方の熱い想いと努力に敬服し、またご賛同、ご支援を賜りました関係社の皆様に、心から感謝申し上げます。

長尾　隆史（現学校長）

水島工業高校の歴史に、新たな1ページが刻まれました。「大空に飛び立つ」と言う夢に向かって、挑戦を続けて来たエアロメシアが、ついに初飛行に成功しました。

メシア（MECIA）とは、機械科M、電気科E、工業化学科C、情報技術科I、建築科Aの頭文字を採って名付けられた、5科の共同プロジェクトを意味するものです。エアロメシアプロジェクトは、創立50周年記念事業の一環として、平成21年から取り組み始めたもので、カーボン（炭素繊維）を使用した機体で、太陽電池・燃料電池・リチウムイオン電池という環境に配慮したクリーンエネルギーを使用して飛行する、トライブリッド飛行機を生徒の手作りで製作し、飛行に挑戦するものです。飛行機の知識を持った人からは99%無理だと言われたそうですが、生徒と先生は残りの1%に賭けて挑戦しました。本校に飛行機を製作する知識や技術は無く、ゼロからのスタート、機体の製作はJAXAをはじめ企業のかたがたの指導を頂きながら、試行錯誤を繰り返し、平成25年の5月に完成し、笠岡ふれあい空港で完成披露式典を行いました。その後自力飛行に向けての走行試験や自動車牽引試験での飛行試験等、テストを繰り返すとともに、改良を加えること足掛け7年、9月21日のテストフライトにおいて初飛行に成功しました。「大空に飛び立つ」という夢に挑戦してきた、7年間の苦労が報われた瞬間でした。また、本校の教育目標「本物を目指す」を証明できた瞬間でもありました。私自身、校長として、この瞬間に立ち会えたことを光栄に思っています。

10月17日に笠岡ふれあい空港において、岡山県教育庁高校教育課の竹田義宣課長はじめ、ご支援、ご協力をいただいた企業の皆様、エアロメシアに携わって来られた先生方、卒業生のみなさん、在校生や保護者の方々、報道関係者の出席のもと、エアロメシア飛行お披露目会を行いました。2回のお披露目飛行は見事成功し、出席していた皆様から祝福の言葉をいただきました。私をはじめエアロメシアに携わって来られた生徒や先生、そして本校にとっても忘れることの出来ない記念の日となりました。製作に携わってきた卒業生の皆さんの、夢が叶った嬉しさいっぱいの笑顔が印象的でした。

飛行お披露目会を開催することが出来たのも、夢への挑戦を先輩から後輩へと受け継いで来た生徒諸君、夢への挑戦に情熱を持って指導して頂いた諸先生方のお陰だと感謝しております。そして、このプロジェクトを支えて下さった同窓会の皆様、さらには、生徒達の夢への実現に向けて様々な方面からご支援、ご協力頂いた企業の皆様なくして迎えることは出来ませんでした。皆様に、厚くお礼申し上げます。

エアロMECIA

～夢への挑戦～

目次

発刊の言葉　3

発刊によせて
・竹下重樹（同窓会長）　4
・中塚総一郎（岡山グライダークラブ主任教官）　5
・川上学（元学校長）　6
・中桐上雄（元学校長）　7
・長尾隆史（現学校長）　9

はじめに
1. 経緯　18
2. コンセプト　18
・常軌逸脱！　18
・恐怖との闘い！　19
3. 分岐点　19
実をとるか夢を追うか？　19
原型はどうする？　20
分かれ道　20

第一章　生徒の心と技術と数値の戦い

1. 心　21
・この指とまれ！　21
・お先真っ暗！　21
・失敗から学ぶ！　22
・己を捨てる！　23
・カビが発生！　23
・心が折れる！　24
・起死回生！　24

2. 技術　25
・心と手が先！　25
・物（者）づくりは人づくり！　26
3. 数値　27
・バーチャル思考！　27
・数値のトリック！　28

第二章　挑んだ4つの模索
1. 工業教育の在り方の模索　29
・学校は不要か？　29
・工高の立ち位置！　29
・ガラパゴス化脱皮！　30
・工業立国で行くならば！　31
・今なら間に合うか？　32
2. 工高教職員における姿勢の模索　33
・着眼点は何処に！　33
・自尻を叩けるか？　34
・交渉＝誠実！　35
・頭が下げられるか？　35
3. 企業連携の模索　36
・無知は恥か？　36
・背中はいつ見せる？　36
4. 産業界の模索　37
・リスクがチャンスに！　37
・遊び心と先見！　38

第三章　機体の形状と設計

1. 形状　39

1-1. 機体概要　39

1-2. 翼型選定　39

1-3. 重量部品選定　41

1-3-1. 主車輪用タイヤ・ホイール決定　41

1-3-2. プロペラ推進装置選定　42

1-4. 飛行用計器　43

1-5. 操縦・制御方式　44

1-6. 荷重倍数設定　45

2. 設計　45

2-1. 詳細設計　45

2-1-1. 荷重倍数nと速度V　46

2-1-2. TV値、垂直尾翼容積比　48

2-1-3. 制限加重　48

2-1-4. 各荷重のつり合い　48

2-1-5. モータ発生トルク　49

2-1-6. 操舵面荷重　49

2-1-7. ヒンジ軸に平行な荷重　50

2-1-8. 操縦系統荷重　50

2-1-9. 制限操舵力及び制限操縦トルク　51

2-1-10. 水平安定面と水平つり合い面　52

2-1-11. 垂直尾翼面　53

2-1-12. 補助翼その他特殊機構　54

2-1-13. 主翼　54

2-1-14. ヒンジ軸受部　57

2-1-15. 連結部（ロッドエンド用）　60

2-1-16. プロペラ支柱強度　61

第四章　原型とメス型

1. 機体の材質と成型法の決定　64
2. 実物大の原型材質　65
3. 原型表面加工　66
4. ＧＦＲＰメス型の成型　66
5. ＧＦＲＰメス型の補強　69

第五章　炉・スケルトン成型と各部物性試験

1. 加熱炉成型　71
2. スケルトン本胴体成型　72
3. Ｃクロス・ハニカム複合材物性成型試験　72
4. 桁の形状及び物性試験　76
5. 各種部品の形状と物性成型試験　78
6. メインギヤフレーム形状と物性試験　79
7. 胴体補強の形状と物性試験　81
8. 胴体へのレール形状と物性試験　82
9. 主翼の補強と物性試験　83
10. 後部胴体（垂直尾翼を含む）の物性試験　84
11. 尾翼駆動部品の物性試験　85
12. モータケース・支柱の物性試験　86

第六章　ＣＦＲＰ成型

1. 胴体前部成型（Ｃクロス成型の基本）　87
2. 胴体後部・垂直尾翼成型　90
3. 胴体接合　92
4. 桁成型　94

5. 桁ケース成型　96
6. 主翼スキン成型　97
7. 主翼組立　99
8. エルロン成型　103
9. 水平尾翼成型　104
10. 垂直尾翼の桁成型　106
11. 方向蛇成型　107
12. モータケース・支柱・支柱受け成型　108
13. 座席シート成型　109
14. 方向舵ペダル・操縦桿・自在ボックス成型　110
15. クランクとロッドとステーの成型　112
16. 昇降舵駆動部品・ヒンジ成型　116
17. メインギヤフレーム成型　117
18. ブレーキの構造　119
19. 可動式前輪・尾輪構造と成型　120
20. キャノピー成型と取り付け　121
21. ウイングレットの成型　122
22. 補助輪の成型と衝撃緩和法　124
23. 各種部品・設備の機体装着　125

第七章　電源・動力系統及び電気計装と塗装

1. 計器パネル成型　128
2. モータ　128
3. リチウムイオンバッテリー　129
4. プロペラとコントローラの変更　130
5. ソーラーフィルム　132
6. 水素型燃料電池　132
7. 電気配線とスロットルレバー成型　133

8. 塗装　133

第八章　エピソードと生徒回想文

1. エピソード　135
・カップラーメン6000超個とデザート　135
・企業の大英断と心意気！　136
・人間が壊れる？　136
・このプロジェクトは中止だ！　137
・いつ死者が出るか？　137
・自信に満ちた大失敗！　138
・新素材は使えるのか　138
・奇跡は起きた！　139
・生徒の生命危機！　140
・一発必中　140
・驚愕の量のPPシート　141
・キャノピー　142
・バッテリー　143
・資格試験　143
・ある県教委の話　144
・航空会社整備士の話　145
・「嵐の松本潤氏」来校　145
2. 生徒回想文　146

年表　154
索引　159
編集後記　170
協力いただいた企業　172
製作担当者　172

はじめに

1. 経緯

本校は昭和37年に創立され、50周年を迎えた。現在、機械・電気・工業化学・建築・情報の5科があり、校訓の「誠実は人間最高の善である」のもと、勉学にスポーツにと文武両道で、バランスの取れた技術者を目指している。一方、同窓生達を中堅技術者として県内外に輩出し、多種多様な職場で活躍している。

そもそもこのプロジェクトが持ち上がったのは、本校50周年事業としてのことで、当初は模型ラジコンを考えていた。ところが本校には「メシアシリーズ」という5科で取り組む研究システムがある。これまでGFRP製ボートや、CFRP製の燃料電池車を数々製作して来ており、レース車においては全国優勝もしている。そこで模型では面白くなかろうということになり、有人飛行機の製作を目指すことになったのである。

2. コンセプト

常軌逸脱！

「人が乗る飛行機」、これだけでも工業高校の手には負えないのであるが、話はどんどん膨らみ、どうせ造るなら50周年記念ではなく、50年先の100周年を見越して、「**新素材のカーボン繊維でオールCFRP製の飛行機**」を造ろうではないか、さらに「環境に優しい電動機」（ソーラー・燃料電池・Liイオンバッテリーのトライブリッド）で「電動有人飛行機を自力発航」させようというのである。できれば「量産可能」で「安価に誰にでも製作できる」方法に挑戦してみてはどうだろうか。初めは冗談交じりの発言だろうと思いきや、いつの間にか、このコンセプトでやろう、という話になってしまったのである。「話」としては面白いのであるが、とても尋常な話ではない。まさに常軌を逸しているとしか言いようがないのである。

恐怖との闘い！

なにせ素人の製作としても我国での例は皆無であり、技術的にも確立されておらず、資料もなければ製作設備・施設・資金もない。それだけに超無謀とは知りつつも、「未知への探究心」と「新技術研究開発への情熱」を武器に、この前代未聞の取り組みの「夢実現」へと舵を切った。まさに真っ暗闇で新雪を踏むがごとく、「怖い！怖いぞ！失敗に終わったら誰が責任を取るのだろうか？」と、恐怖だけが頭をよぎる。長い長い悪戦苦闘の日々の始まりである。

3. 分岐点

実をとるか夢を追うか？

確かにゴーサインは出た！だが問題は飛行機の材質である。本当にCFRPで造るのか？何で造るかによって成型法や重量が決まってくるので、国内の識者に教えを請うべく、方々を駆けずり回り、協力をお願いしてみるが、大方の話は「木材なら資料があるのでベニヤ合板製にしては」と薦められた。また、「1/10000の成功率もない！金を捨てるようなもの！」と言われもしたが･･･、いくら我々が無知で技術的に稚拙であっても、安全や完成度を考えれば当然であっても、**若者に夢を与える商売**であることを考えると、ベニヤだけは回避したいという気持ちであった。二者択一に悩みに悩み、その結果我々は「**夢実現**」を採ることにした。

これがそもそもの間違いで、この後に4～5年も続く大試練が待っていようとは、想像もしていなかったのである。

原型はどうする？

その大試練のひとつが、このプロジェクトの成否が掛かる原型の製作である。CFRPともなれば、オス型法かメス型法の原型が必要になるが、いずれにせよ翼幅1mで翼長13.5m、胴体長さ7mの大きな原型を割り型にし、抜き勾配や成型エッジを取り入れ、加工しなくてはならない。それも扱い易く、安価で精密に造らなければならないのである。機体が大きければオス型でも良いが、小型で細い箇所もあることから成型し難いこともあり、メス型法を採用することにした。メス型はＮＣ旋盤や3D等を駆使して、**真空・高温に耐える材質（アルミ・ケミカル材等）で軽量のメス型が安価で簡単に**製作出来れば、原型は不要であるが、現時点では材質と製作法（オートクレーブ）・価格上難しいので、メス型用実物大の原型を作ることにした。材質はいろいろ考えられたが、安価・軽量・寸法精度・成型難易度等から発泡スチロールで成型することにする。自作を試みたが、寸法や形状精度、さらには強度にばらつきが出て、とても使用出来るものではなかった。

分かれ道

結局、木型屋さんに依頼をしてみるが、「物が大きすぎる・薄すぎる・変形不安・仕事の範疇を超え経験がない・平面図から立体図面へのPC作業・**価格リスク・飛行機が故の責任リスク」等々**を理由に、全て完全拒否された。特に我々の提示した価格では話にならず、**月とスッポン**の差があった。本来ならばこの時点でこのプロジェクトを断念すべきであったが、必死の思いで何度か足を運んでいるうちに、会長さんから「**岡山県の高校生が、世界初の夢に向かって取り組んでいるではないか！素晴らしいことじゃ！夢を叶えてやろうじゃないか！**」と、膨大な損失と経営リスクを冒すことを承知うえで、敢えて挑戦して下さることとなった。まさに**暗闇に一筋の光**が差し込んだかの如く、誠に有難いことで、思わず心の中で手を合わしたのである。こうなるともうやめる訳にはいかず、退路がない以上、とにかく前を向くしかなかった。

第一章　生徒の心と技術・数値の戦い

1. 心

この指とまれ！

この言葉で集まった生徒達なので、科もクラスもばらばらの個性丸出しの集団である。このプロジェクトに参加した理由も、興味本位・軽い乗り・何かしてみたい等さまざまで、決して強い意志を持った者達ではないのである。個性豊かであると言えばそうではあるが、こと「**物づくり**」、それも誰もが取り組んだことのない、「有人飛行機づくり」に取り組むとなれば、不安は尚更である。

意識の薄い生徒達に、果たして**高度な精神力と強い使命感**を、植えつけられるだろうか？飛ばすところまで造り上げられるだろうか？さらに教職員達も、各種部活動指導の経験はあるものの、このような活動は未経験、飛行機作りも未経験である。我々も先が全く見通せない、未知数のプロジェクトである。生徒に疑心暗鬼になるな！心配するな！と言うのも無理な話である。ここではこの取り組みを通して起こった、彼らの心の変化して行く様について述べてみる。

お先真っ黒！

プロジェクトに集まった彼等は当初、指示されるのを待つばかりで、自ら質問してくることはない、まさに「指示待ちマン」達だ。漠然と飛行機を造らねばという感覚であろうし、「変なことをして叱られる」よりは何もしないほうがましだろう！そんな、全てが「受身」の発想である。それもそのはず、入学して来て間もなく、生徒同士も教師とも初対面である。コミュニケーションもとれず、不安なのだろう。

そこでまず、個々の心を揺さぶることにした。危険物の取り扱いや毒物に関すること等、安全・衛生に関連づけて、個人面談を始めた。途中で退部されチームが保てなくなるのを防ぐ為、いかに苦しくとも3年間はやり抜く覚悟を確認し、生徒自らにも認識させ、使命感を植え付けようとした。

ところが、これまでの15年間に沁み込んだ意識は、そうそう簡単に変革出来るものではなかった。何度も面談を繰り返したが、ある所から進歩しなくなった。通常の運動部ならば先輩もいるし、教則本やビデオもあり、到達点や将来像が描ける。しかし、**このプロジェクトには指導者はいないし、誰も造ったことが無い！教師も手探り状態だ！**これでは信頼関係は芽生えない。

失敗から学ぶ！

全く先が見えて来ない中、生徒同士・教師との信頼関係の構築を最優先にした。その中のひとつとして、お互いを知るための作戦、己の「欠点」をさらけ出すミーティングをした。人前で自分の欠点を言い、胸襟を開き、お互いを尊重し合えるようにした。勿論、数日間にわたる「物づくりとは？」のレクチャーを行っている間も、何度も何度も面談を行った。少し自らの言葉が出だしたが、まったく行動が伴わない。これ以上もう待てない！これでは前に進まないので、やけっぱちで、とりあえず物づくりをやらせてみることにした。

結果は、やはり失敗の連続で、とても製品と呼べるものにはならなかった。材料費も時間も掛かり、リスクを背負うが、失敗をさせつつ、彼らの成長を待つしかなかった。だが、失敗を繰り返す内に、生徒達の方から質問が出だし、何とかしようと必死になり、工夫をしようとしているではないか！これだ！これだ！こうなってくるとしめたもので、たとえ未完成でも、失敗しても、何がしかの喜びを味わうことで、前に向き始める。

これで一安心と思いたかったが……。同じ技術の積み重ね、繰り返しにとどまるのではなく、どんどん新しく高度な技術への変化が要求され、思いがけない失敗の連続で、先が見通せなくなる。次第に心が萎え、達成感が得られず、作業への飽きが出だした。先輩がいないせいなのか、心の拠りどころがなく、不安定な心が露見してきた。その都度、ミーティングを開き、格言・チーム力・人としての在り方等々、琴線に響くように話をしたりもしたが……。

花見食事会

己を捨てる！

1年がたち、二期生が入って来て、一期生の様子が少し変わってきた。先輩としての自覚や、自らの立場を意識する気持ちが芽生え始めたのか、自ら行動出来るようになりだした。だが後輩に教えることには自信がないらしく、言動がうまく一致しないのだ。気持ちだけは前に向き、何とかしようとはしているのだが……。こうなると自己犠牲を強いるしかない。時間や精神力は勿論、技術者としての自覚の為、自我の抑制を強要するしかなかった。しかし、全員のレベルが揃うまで待つことは出来ない。メンバーの中から出来そうな者をピックアップし、レベルアップをさせるしかない。

ところが二期生達は、出来る者一人に集中して教わるようになり、作業に支障も出てきた。さらに、これではチームとしてまとまらないので、問題解決のために一期生は各自でレベルアップを図らせ、二期生は教師が指導するという方針に切り替えた。それから4〜5ヵ月後、チームとして機能し、技術の継承もできるようになる。先輩後輩の関係も上手く取れるようになり、試作や物性・破壊試験も出来るようになった。

カビが発生！

三期生が入学して来た。メンバーの人数も今までの倍に膨れ上がり、これで作業の効率も上がり、上手くいくようになるだろうと安心しきっていた。ところが一気に人数が増加した為か、気が緩みがちになり、作業中の無駄口や遊び話が多くなって来た。さらに馴れ合いの雰囲気が蔓延し、怠ける気ではないのだが、向上心も低下してきた。これはチーム内にカビが発生して来たようなものだ！抗菌剤がいるぅ……！

ミーティング

メンバーの増加だけでなく、飛行機の全体像が見えないことも原因だろう。何処の何を造っているのか、さっぱり実感が湧かないらしい。まさに烏合の衆への変化の始まりで、ミーティングで気持ちを奮い立たせては見るものの、今ひとつ乗りが悪い。またまた一難だ！

心が折れる！

一向に先が見えない為か、不平・不満が口から漏れ出し、まあいいか、この位でいいだろうとか、作業内容にも荒さが目立ち、雑になりがちになる。確かに心が折れて来ているようだ。しかし、ここで全てを投げ出す訳にはいかず、アメやムチも使い果たし……何か良い手段はないものかと、哲学的な話や諺等も取り入れた。考えられるものは手当たり次第に実行し、打てる手はすべて打った。演歌を聞かせながら、渋々作業を続けさせたこともあった。

起死回生！

そうこうしている内に、ボディの一部が完成した。これを境に、今までの鬱憤を晴らすかのように、爆発的な前進が見られ出した。チーム内の雰囲気がガラリと変わり、作業ピッチも上がり、試作・破壊テスト等も順調に進みだした。

機体の全容が見え始めたことから、個々の作業内容の把握や理解は勿論のこと、段取り・創意工夫・自己管理能力等々に著しい変化が見られ出した。意見のぶつかりを嫌っていた、かつてのチームの面影は完全に消え去っていた。教師に頼らず自らを律し、物づくりの真髄を会得しようと、必死に格闘している姿を見ると、ただただ生徒達を信じて来てやってよかった！と感じたのである。

新入生歓迎会

2. 技術

心と手が先！

相談や協力要請のために訪問させて頂いた時、数々の識者に言われた言葉は、「鉛筆も削れない生徒を集めて飛行機を造ろうなんて、飛行機を舐めてはいかんぞ！」、「1/10000の完成率もない！」、「止めておけ！大金を捨てるようなものだ！」、「在籍3年間と言う宿命もある！造れるはずがなかろう！」というものであった。これらの言葉通り、取り組む前から壁にブチ当った。取り組むのは、経験値のない本校生徒達である。全ての条件や環境が整っていない状況下、先ず生徒達の心の変革をし、醸成させることを第一とした。

このことは先述の通りであるが、こと技術においては心や手が先か、頭（理論）が先か、はたまた同時進行が良いのではとも言われる中、見つけ出した答えは、現在の生徒の気質から、短期間内の完成と高度技術の養成、さらには既成概念から来る自由発想への弊害を考えれば、「**心の変革醸成を図りながら手から先に入り、後から理論付けをする**」方法であった。勿論、安全管理（危険物・工具・装置の取り扱い）等、必要最低限の理論は先に入れた。これによって興味が増し、問題点を見つけ解決しようとする気持や、思考力が芽生えだした。そこで理論や文献による調査研究をしていく態度を、この時期にタイミング良く植え付け、問題点の解決まで出来るようにした。

物（者）づくりは人づくり！

一方で、3年間という短期間での新技術の研究開発はありえない話であり、まして「素人の工高生が超熟練を必要とする飛行機を造ろうなんて！」と言われるのも、無理のないことである。だがスタートしたからには、やるしかなかった。

まず取り組んだのが、技術の習得と熟練のさせ方である。　①喋りながら物作りをしない！・させない！。本校特有ではないと思われるが、授業で行う実習時と同様の困った現象が起きる。作業を複数人で行うと、どうしても私語が出て来る。気が散って集中できない上に、思考停止状態の荒い作業となり、新しい技術が身につかなくなる。　②失敗を黙認し、伸長を待ち、個性に合った指導する！。時間に制約がある中、いかに失敗を上手くさせるかに力点を置くことである。無闇に失敗をさせるのではなく、個々の性格を見極めて失敗を誘導することが大切である。また技術習得のためには、同じ失敗に眼をつむらざるを得ないこともある。　③意見のぶつかり合いを嫌がるな！。今の生徒は、意見を他人に伝えることや、違いを判断して相違点を探し、その意見をぶつけ合わせて議論することが苦手でヘタである。「意見違えども、人を憎まず」を合言葉に、意見を戦わせコミュニケーション力を向上させる。④目で見るな、手で見よ！「心の目で見よ！」。作業内容・精度・完成度等を目で判断することは、当然の成り行きであるが、見た後に必ず手で触り、眼では気付かなかった感触をインプットさせる。その上に仕上がり度や完成度合いに妥協をさせず、完璧な製品を造るようにさせる。　⑤リスクのないハイリターンはない！。とかく何かをしようとすると、必ず楽をして簡単に出来たらいいと思いがちだが、良い製品を造るには何らかのリスクを負わねばならないことが多い。その難題・壁を乗り越えさせる執念と情熱は、リスクが多ければ多いほど達成感も大きくなることを理解させる。　⑥作品には人の性格が出る！。工業製品ばかりではない、絵画・書・料理等々も全て、人が携わり造られたものは、その作者の性格が作品に出ると言われている。従って、飛行機は何人もの性格の集合体で造られていることを認識させ、気持ちをひとつにすることで完成することを熟知させる。最終的には**物づくり＝者づくり＝人づくり**で何とか乗り切ることが出来た。

3. 数値

バーチャル思考！

今日の生徒たちはデジタル的な感覚で、バーチャルの発想がしっかり身についているので、全ての発想・段取り・分析（原因究明）・製作動作がこの感覚で行われてしまいがちである。このプロジェクトは教師も生徒も未経験であるがゆえに、ついつい数値に頼り切ってしまう傾向がある。彼等に図面をみせ、これを造れ！と言ってもバーチャルの世界に親しんでいるので、何をどう使用して造れば目的のものが出来るのか、判断が出来ない。図面を見ても、実物の立体像を頭に描くことができないのだ。さらに始末が悪いことには、失敗してもリセットすれば、簡単に元に戻すことが出来るだろうとする安易な気持ちである。これらの傾向はかなり前から指摘され、今日に至るが、年々酷さを増しているように感じている。

例えば、実習で言えば、旋盤実習で教師からは、最終製品が造れる大きさの材料を提供してくれるし、完成品も触れられ、見ることもできる。さらには、失敗してもすぐ新しい材料がもらえ、造り方まで教えてもらえる。ところがこのプロジェクトでは飛行機の模型はあるものの、原材料物性・成型方法・加工方法・試験法・組み立て方法・調整等々は、資料もなければ見本もない。ひとつの物を造るにも、図面寸法にない原料配合から最終寸法を加味し、切削加工分と収縮率を余分に採り、成型を経てやっと加工の段階で数値が表れて来る。

次の研磨作業に入って初めて最終寸法になる。樹脂の硬化度（収縮や硬さが異なる）・速度・粘度の調整・加工手順等は品物を作る工程には入っていないのである。これらを全て個人で判断し、完成品を造らねばならないだけに、実習とは全く別次元の話になる。

数値のトリック！

数値に表れない作業として、GFRP・CFRP等の有機物の鏡面仕上げはその際たるものである。鏡面仕上げと書かれていれば、必死で鏡面に仕上げようとする。ところが、手作業であるがため、力を入れれば凹んでしまう。面積の広い翼では寸法誤差は僅かだが、目標の数値にしようとすればするほど、大きなウネリのような誤差が生じて来る。局所的に計測はするものの、数値通りにするのは難しいので、手平や指先の感覚を頼りに、極力大きな波を消すようにした。

数値は個々の物性等を示すには必要ではあるが、数値はあくまでも目標値である。それらを組み合わせれば、目標の合計数値になると思いがちだが、全てがそうとは限らないのである。多くの部品を使用して集合体にすればする程、摩擦・撓み・伸び・捻れ・遅れ等々が関連して思うように機能せず、数値通りに行かなくなるのである。自信も経験もない我々は数値だけに頼り、数値さえ出せていれば安心という考えは見事に外れたのである。

（服部）

第二章　挑んだ４つの模索

1. 工業教育の在り方の模索

学校は不要か？

「**知識を得るだけなら学校はいらぬ？**　ITやAIがあれば，学校は必要がないのではないか」という声も聞こえて来るほど、学校とは何か！が問われ始めている昨今である。

これを受けて、高校における工業教育は今のままで良いのだろうか、と危惧するのは早計であろうか？

「高校における工業教育は、今のままで良いのだろうか？」 我々のみならず、先輩諸氏からもよく発せられた言葉である。土曜日の授業がなくなり授業時間数は減り、必要であるはずの教科も実習も削られ、工高の本来の姿が薄れて来てはいないだろうか。発展途上国には追いつかれ、外国人研修生制度は5年制になろうとしている。このような状況下で、このままではジリ貧になってしまうのではないかと、だれしもが危惧しているのである。そこで、ここではプロジェクトを通して、先輩諸氏の想いと工高の在り方について感じたままを述べてみることにする。

工高の立ち位置！

一般に今日のカリキュラムは、限られた時間内で広く浅くが求められ、なかでも専門教科・実習が狭く浅くなっている。これでは、中間技術者の養成というかつての目的とは、とても程遠い感がある。物づくり物づくりと叫ばれる今日、工業高校の立ち位置は何処だろうか？　戦後の工業立国としての復興に、工高の卒業生が少なからず寄与してきたことは周知の事実である。これらは既に失われた、**昔の工業高校の姿**なのだろうか？

「今では高専も出来、かつての工高の役目は終わったのだよ！　今は第一線で言われた事を正確にやり、欠勤せず、遅刻せねばそれで良いのだ！」等と、まことしやかに、冗談としても耳にしたくない言葉が入って来る。勿論、現職の教師は高い理念を持ち、毛頭そのような気持で教育に携わってはいない。だが、ここ30〜40年の卒業生の動向を見ると、綺麗ごとの話では済まされないのが実情であろう。

確かに工高を取り巻く環境は、大きく変わって来た。果たして、第一線を任されている工高の専門力低下や職業資質は今後大丈夫なのだろうか？途上国との技術力差がなくなり、研修生のレベルも向上し、制度も5年制になりつつある。少子化時代にも、突入している。一方で高専の現状においても、進学率が50%になり、本来の中間技術者養成にブレーキが掛かりつつある。

ガラパゴス化脱皮！

「工高教育をどうする？何とかせねば…」の思いは、皆共有しているところである。確かにこのままでは、余りにも外乱的要素が多過ぎ、校内・国内だけの問題として捉えていては、井の中の蛙となり、ガラパゴス化と言われても、返す言葉がなくなってしまう。ではどうすれば、将来像を描くことができるのであろうか？

ひとつ目は、「現状の範囲でどうするか？」である。カリキュラムの中で考えると、先ず授業時間の確保である。このプロジェクトでは、放課後4〜5時間の部活動扱いで、さらに土曜日を使い、5年間という歳月をかけて行ったものである。しかし、前述通りの内容の活動を行うには到底時間不足で、つくづく時間の必要性を感じたのである。確かに週休二日制や、家庭科の導入等々のカリキュラムの変更に伴い、専門教科の授業時間は圧迫され、益々浅く狭い学習展開を強いられている。

そこで授業時間確保のために考えられるのは、**土曜日**の有効利用と、かつて行われていた**7校時制**（月〜金曜まで）である。勿論、教科のミニマムエッセンシャルを行ってのことであるが、これにより専門教科の補強が出来、課題研究は、より創造力の育成、問題点を見つけ解決する力の向上、ものづくりの達成感を強化できるのではないだろうか。また課題研究以外にも、実習・製図・他科（電気系機械系等）をも、充実させることが出来よう。当然、教師の持ち時間数は若干増加するが、発展途上国に追い抜かれ、就職すらも危うくなることを考えれば、一考の余地はあるのではないだろうか。だが、これでは抜本的な解決には、至らないだろう。

工業立国で行くならば！

ふたつ目は高専の現状との兼ね合いからみて、工高としてどう在れば良いかということである。

創立当時の高専と工高の役割分担はハッキリしていた。ところが、中間技術者の養成をしていた高専が、大学への編入を含めて進学率が平均50％になってきている。従って、今日ではその役割分担の溝幅が大きく開き、崩れて来てしまっているのではないだろうか。工高の就業範囲からすれば第一線から高専レベル近くまでの資質を要求されることになるが、現状では全部を網羅するのは物理的に難しい。そこでこの溝を埋めることや、グローバル化（技術革新を含む）に対処するにはどうすれば良いのだろうか。確かに途上国との工高技術力の差はなくなり、ある国では既に日本を追い越したとも言っている。もはや現況の専門力程度や縦割り分業発想では、他国の後塵を拝する現状にある。

ならば授業時間確保と、学習内容の質をより深く幅広くする為に、新しい体制の**5〜6年制**が必要ではなかろうかと感じている。これは工高の専攻科発想ではなく、旧制のものでもない、言わば既存の工高の専門性を重視・強化させながら、工業の素養に必要な他の専門教科（機械科であれば電気・工業化学・情報電子等の教科及び実技を充実させ、国家試験・資格等の受験を含む）を加え、外国語・課題研究の充実（物づくりを含む）、企業との連携（企業実習・講師依頼）等をするのはいかがであろうか。

言い換えれば**新高等工業校**発想で、これならば他国との教育システムや技術能力に大きな差別化が図れるのではなかろうかと思っている。事実、外乱的要因として「グローバル化の大きな波」を受け、かつての方法では太刀打ちできなくなりつつあり、構造変革を余儀なくされている。従って、これらに対応すべく職業教育の在り方としても、大きくは工高から専門学校・高専・大学等の組織だった再編が望ましいし、急がねばならないだろうと思われる。

その為にも工業高校そのものの再編も考慮する必要があろうが、現況の工高数は維持し続けなければならないのであろうか？、大学では既に機能分化による種別化（研究・教育・市民類系）が計られつつある。考えられるのは、大学から工高までの一貫した再編が出来ることを切望するが、無理なことであろうか？。既に一部の私立の工業高校や専門学校では、再編ではないが、直面しているこれらの問題への危機感から、カリキュラムを編成し直し、工業教育の在り方について模索や検討をし、改善に取り組んでいると聞き及んでいる。

今なら間に合うか？

そもそもこの発想の経緯は、プロジェクトを進行中に工高の抱える問題点を痛感したことが発端である。特に、異作業間の連携に、支障をきたしたことからである。本来ならば言われたことを片づければ済む作業もあるが、単純作業では済まないこのプロジェクトは、自分の専門とは異なる分野で、創造力・発想力・洞察力・問題解決力・思考力・分析力・製作技術力等々が要求される。

特にこのプロジェクトでは、自分は機械科だからといった縦割り感覚（縦糸）で、専門分野の作業が始まるまで待っているような姿勢では、とても完成にはたどり着けなかったであろう。成功の理由のひとつに、自科専門（縦糸）以外の専門要素（横糸）として、機械系・電気系・化学系・建築系・デザイン系・情報電子系を、理解し身につけ、作業に移させて縦糸と横糸が上手く絡み、発想・創造力が育まれ編み上がったことがあげられると思われる。

かつてウイリアム・N・シェルドンが『心理学と創造的意思』、A・Hマスロウが『動機付けと個性』の中で、『子供たちの多くは非常に創造的であるが、残念なことに、その創造力は小学校低学年には消えてしまう』と指摘している。我国ではそれが顕著で、創造力が最も早く消滅するとも言われている。教育システムや個性に差異もあるのであろうが、このプロジェクトを通して、まだまだ15才からでも残存潜在している創造性等を掘り起こせたのではないかと思っている。教育特区として数校（工高）ぐらい、新高等工業校に取り組んでみても面白いのではと思っている。

尚、現在行われている全国工高物づくりコンテストは、いかに正確に時間内で完成させ、作業動作等が的確であるかを競っているが、どう見ても熟練技能に偏っているようにしか思われてならない。なぜなら、県・ブロック予選・全国大会と同じものを製作し、競い合っているからである。そこで必要とされる熟練技能に、技術力を上積みするコンテストにしてはどうだろうかと思っている。

即ち、完成品や図面、分析資料等々は当日初見させ、製品や作業工程、分析試験等々を時間内にどこまで完成（未完成で良い）させたかを競ってはどうであろうか。勿論、適切な製法・作業手順・正確度等をチェックするが、併せて創造力・発想力・創意工夫力・判断力等も診断出来るのではないか。施設設備の問題もあるが、ひと工夫あっても良いのではなかろうかと思われてならない。

2. 工高教職員の姿勢の模索（コーディネートする力）

着眼点は何処に？

右向け右と言われて、全員が右を向くのが意思の疎通ではない。ここで言う意思の疎通とは、ひとつの方向性に対して、全員がいろいろな意見を述べ、まとめていける集合体であるかどうかである。教師が100人以上いるような学校であれば、尚更である。とかく教育に厳しい視線が注がれる今日、言動に慎重にならざるを得ないが、リスクを最小限に抑えようと安全な道を歩き、小さく纏まり失敗を回避し、上からの指示や命令を待っている傾向は年々増加しているように思えてならない。

このような現状において、服務規程の範疇の中で、(図A）に示すように、いかに闊達に生徒の方を向き、崖っぷちともいえる生徒と教師の境界線を歩くことは、非常に勇気がいることであるが、教師としての面白さでもあり、醍醐味ではないだろうか？……「**今の生徒に何が出来るのか？これからの時代を担う彼等に何をして置くべきなのか？**」、を問い続ける姿勢は、もはや過去の話になってしまったのであろうか。(服部）

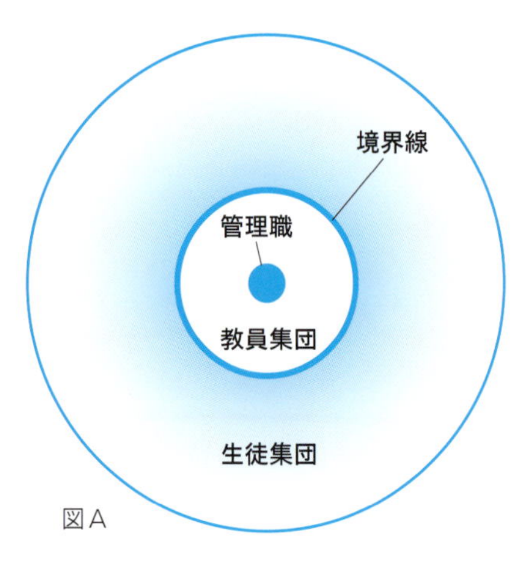

図A

自尻を叩けるか？

このプロジェクトは、本来の教職員業務（特別教育活動を含む）以外の、言わば過負荷になる余分な仕事である。それにも拘らず、本校の教員集団は、「生徒の為！ただただ生徒の為！」とひたすら自らの尻を叩いてくれ、情熱と技術と時間を提供してくれたのである。

元々、教師は「お山の大将」とか「一国一城の主」とか言われ、個々の指導や技術に誇りを持つ特有な性格を持ち合わせており、会議・出張・来客等もあり、なかなか思うような連絡調整が出来ないのが現状で、必要な時に、タイムリーに、生徒に接することは非常に難しい。そこで問題解決のため、基本的には教師が作業場へ出向くのでなく（場合により作業場での指導有り)、生徒から教師のもとを訪ねるシステムを採った。これにより時間の無駄も無くなり、教師の融通の利く時に指導が出来るよう

教員ミーティング

になり、教師の負担も軽減した。勿論、教師間のコーディネートは信頼関係を築きながら協力の依頼をしなければならず、作業の進行具合を計りながらの的確なタイミングが要求された。

交渉＝誠実！

一方、原材料や資材調達、企業への協力依頼の交渉は困難を極めた。これまで何の付き合いも無かった学校が、無礼にも仕事の邪魔となる電話をかけ、面倒な依頼をするわけで、通常ならばこれだけで断られても仕方がないのである。結果的には、協力を依頼した企業の半数に断られ、難しさを痛感させられた。「サンプルは出すが使用後の報告を！」、「飛行機に使用したことがない！」、「その使用法では責任が持てない！」、「この値段では出来ない！」等々、話がなかなか進まない。学校と言う営利が望めない場所だけに、企業の腰も重かった。説得を続けても限界が生じ、工高の教職員以上の交渉力が必要であった。

頭が下げられるか？

とかく教師は頭を下げることが下手であるとも言われる中、我々に出来ることは誠心誠意のお願いをすることでしかなかった。ただ救われたのは、ひたすらお願いすることしかできない状況下で、徐々に賛同を示して頂けたことである。また、値段交渉では、製品が飛行機への使用や成型材料として、耐え得るものであるかどうかも合わせて交渉しなくてはならなかった。

今回、無理難題を承知の上で、ご支援をいただいた国内外の企業は、工業教育に理解を示していただき、学校という営利が望めない場所にも関わらず、「これからの工高の若者を育ててやろうではないか」という理念に基づいて、ご協力いただけたことは、誠に頭の下がる思いである。サンプルの提供・破格値・無償提供、さらには懇切丁寧なご指導までして頂き、昨今では経験出来ないような無類の援助に、心より感謝申し上げる次第である。

（坪井）

3. 企業連携の模索

無知は恥か？

このプロジェクトを通して、我々の技術がいかに未熟かと思い知らされた。よく言われる言葉に「たかが工高レベルで何が出来る！」がある。ある意味では的を射た言葉であるか知れないが、かつての工高には産学協同実習なるものがあり、各専門科は原材料を企業から頂いて、製品にして納入していたものである。学校としてある程度の技術力は、企業に認めもらっていたということだろう。現在では時間数や諸問題等々により、その取り組みをすることは出来ないが、本校では、その当時の面影が残っており、ある科では実習や課題研究から発展し、国内の企業はもとより国外からの技術援助要請にも応じている。だが、これは稀なことで、殆どの学校では無理な状況である。

このプロジェクトでは必要に迫られての行動ではあるが　なり振り構わずすがり付き、少しでも多くの事を学び技術を習得し、持ち帰ることに必死であったのである。あまりにも授業以外のことに無知で、何もない5重苦の中では、恥をかくとか、かかないとか言っている場合ではなかった。まさに「身を捨ててこそ浮かばれる！」そのものであった。じっとしていては何も変わらないし、始まらない。前述の通り学校内とか教育業界内とかを言っている時代ではなくなっている。

背中はいつ見せる？

企業側からすれば何の利益もなく、むしろ仕事の邪魔であるが、教師や生徒の知識・技術に対する渇望を考えれば、企業連携がいかに大切であるか、判断出来よう。今こそ教師の癖を払拭し、頭を下げる勇気を出して行動を起こすべきではなかろうか。実習・課題研究・競技会・コンクール等は、格好なテーマである。このプロジェクトでは、今2～3の試作や技術依頼があり、企業からこのような物は出来ないかとも打診を受けている。依頼や提案は、生徒達の発想力・創造力の助長の場になるし、企業からも新技術を習得できるチャンスでもある。

これはこのプロジェクトのみに限らず、これから将来にわたって、学校として教育者として、頭を下げて新技術や指導法を学ぼうとする姿勢こそが生徒に見せる**背中**であり、教師に最も求められる姿ではなかろうかと思われる。

（服部）

4. 産業界の模索

リスクがチャンスに！

我が国は、工業立国を目指し、戦後の復興では先進国に追いつけ追い越せと、技術の習得、技術開発や研究に没頭して来た。試作や一品ものはもとより、独自の発想を基に安価で品質の良いものを大量生産し、世界市場に提供して来たことは、自他共に認めているところである。しかし近年、途上国が我が国と同じ道を辿りつつあることから、より斬新で高度な技術や、付加価値の高い製品が要求されていることは今更言うまでもないことである。

今回は新素材を使って、誰も取り組んだことのない方法に挑戦した。企業からの援護を頂き、稚拙な技術力ではあったが完成にこぎつけ、初飛行に成功したことは、あらゆる面で大きな収穫であったと思っている。

大概の企業では「何百万くれれば開発してやる！」とか「これが何万個必要なのか！」とか「開発に数年掛かる！」とか言われたものである。確かにその通りで、これが利益を追求する企業というもので、拒否されても仕方がない。しかしその一方で、快く挑戦して下さった企業の、「銭金ではない！今まで取り組んだことのない分野は面白いではないか！　ワクワクする！」と、詳細には語られなかったが、そんな言葉に勇気づけられた。発泡スチロール原型しかり、キャノピー・Liイオンバッテリーはもとより、LCP繊維等々に至るまで、企業の自己犠牲があっての今回の飛行成功である。またそのうちのある企業からは、新しい仕事の分野が開け、注文も頂いたということで、逆にお礼まで頂いた。別の企業でも、成功をきっかけに新技術として販路を開拓したい、さらには製品幅が拡がったとも言われ、我々が予期しない賛辞や謝辞を頂いたことにびっくりしたのである。

遊び心と先見！

一体、これらの賛辞や謝辞は何を意味しているのだろうか。迷惑や面倒をお掛けしたのは、当方なのだが・・・。企業の方のお話では「この種の話は良くあるが、新しいことに取り組む余裕が無いのが本音で、本来は営利を追求出来ない物に取り組むのは自殺行為だよ、今回は自殺までは行かないだろうと思ってお手伝いしたまでだよ！」とのこと。職業魂がそうさせたのか、冗談めかして話された言葉が心に強く残っている。

我が国の物づくりは、生産構造変革期を認識して行動を起こしつつも、大半は現状を継続せざるを得ない状況にある。様々な国々に追いつかれはしているものの、物づくりの基礎部・応用部は磐石で、まだまだ捨てたものではないと思いたい！　今回のこのプロジェクトの行動は、「お遊び」の域を脱してはいないであろうが、**産業という大きな池に小さい砂粒を1つ投げ込んだこと**は、今後の産業界に何らかのサゼッションを投げられたのではなかろうかと思っている。

（服部）

第三章　機体の形状と設計

1　形状

1-1　機体概要

機体製作の基本的な考え方は、高校生でも製作できることを前提とした。あまり複雑でなく簡単なものでありながら、本格的かつ現実的なもの、軽量で滑走路上からジャンプ飛行が可能なものであることとした。ただ、この機体のコンセプトは、「炭素繊維を使用し、プロペラ駆動用の動力源として再生可能エネルギー、すなわち太陽電池、Li-In電池、燃料電池を使用する」というものである。このような素材や動力源に対応できる機体であることが求められた。

そこで、図3-1～図3-3に示すように、機体は軽量化が図れるモータグライダータイプとし、主翼上面には太陽電池が貼付できる機体構造とした。さまざまな考察を経て、最終的な機体の概要は、次のような仕様とした。主車輪を1輪とし、前車輪で舵取りができる前輪式（最終的には尾輪式）、主翼の取り付けは胴体の中段とする中翼式、尾翼は水平尾翼を垂直尾翼の上端に配置するT尾翼形式とする。また推進力を発生するモータとプロペラは、コクピット後方胴体背面に取り付けることとする。更に、機体の運搬に考慮して、主翼と水平尾翼は取り外せる構造とする。また、主車輪を1輪とするため、離着陸滑走時に安定した走行ができないので、主翼左右下面に補助輪をそれぞれ1輪ずつ取り付け、翼を水平に保つ仕様とする。

1-2　翼型選定

適正な翼型を選択することは、全くの初心者には大変困難なことである。そこで、市販されている様々な既成グライダーの翼型を参考にすることに

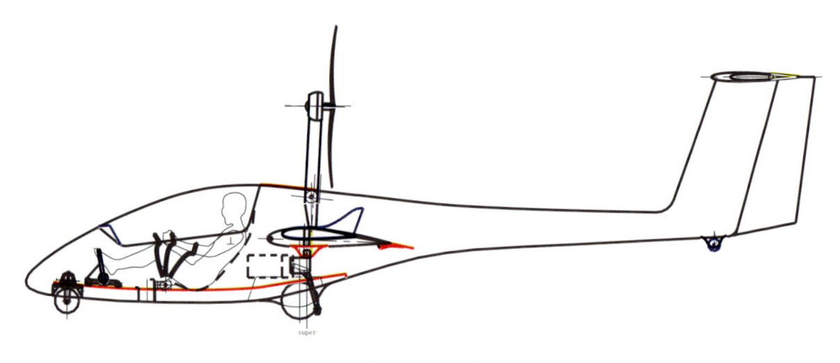

図

図3-1　機体側面図

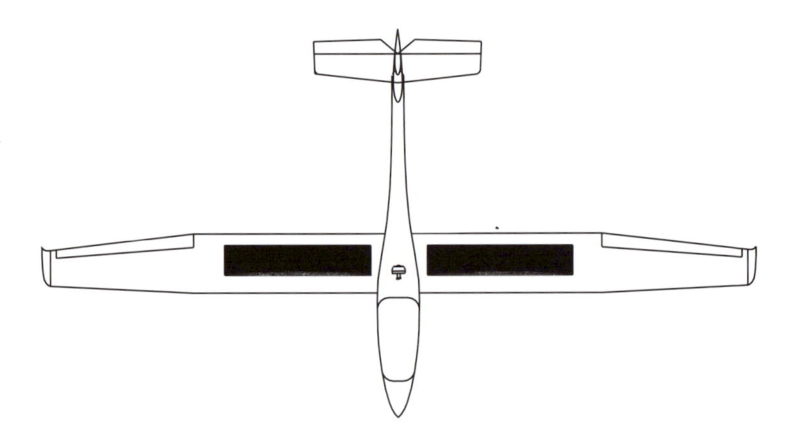

図3-2　機体平面図

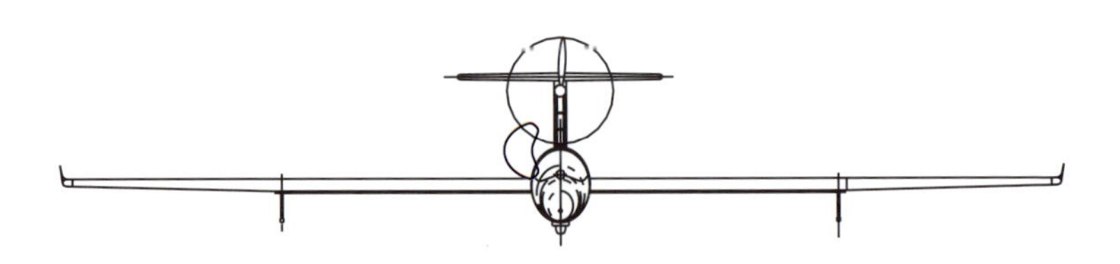

図3-3　機体正面図

した。高性能グライダーの翼型を調べ、その中の数点についてJAXA等に打診し特性等について調査してもらったが、いずれの翼型も初級機用としては適切ではないという回答を得て、目立った特性のない一般的な翼をいくつか選定し、翼の強度や寸法を踏まえて製作の可否を考慮し、最終的に下記の翼型に決定した。

・主翼：NACA2415

・尾翼：NACA0010

1-3　重量部品選定

機体概要を踏まえて機体の概観を作図し、各部分の大まかな寸法を決めていく。それと同時に大きな重量部品、特に主車輪として使用するタイヤやブレーキ部品、プロペラ推進装置を決定しなければ、最終的な重量が決定できないので、それらの部品を早急に選定する必要がある。主車輪はできるだけ費用を抑えるために、ゴルフカートのホイールとタイヤを使用することとし、日本で入手できないプロペラ推進装置は米国から輸入することにした。これで機体の大雑把な重量は把握できる。

設計当初は、機体重量を180kgに抑えることができるだろうと見込んで作業を進めていた。その重量は、単座の超軽量飛行機（ウルトラライトプレーン）に該当するものであり、操縦免許を必要としないので、訓練をすれば誰でも操縦できることを目指していたのである。

1-3-1　主車輪用タイヤ・ホイール決定

タイヤ・ホイールの選定では、機体重量180kg、パイロット重量70kg（耐空性審査要領では、77kgに算定）として総重量250kgを想定した。また50㎝（同47.5㎝）上方からの落下試験を行い、強度上安全であることを確認する必要がある。落下試験では、機体の総重量を多少多めに想定して270kgとした。使用したタイヤサイズは、15×4.00-6で、落下試験の結果、このタイヤでは荷重を支えることができず、ホイールのリムが接地して変形する結果となった。大失敗である。急遽、ホイールのサイズは変えずに

写真3-1　主車輪

写真3-2　前車輪

タイヤのサイズを1インチ大きくし、タイヤサイズ16×5.00-6の農耕用タイヤを使用して同様の試験を行ったところ無事にクリアーすることができた。ただ、このホイールはセンターディスクで、水平に接地すれば問題ないが、傾いた状態で接地すると、ホイールのリムに荷重がかかり、リムの変形が予想される。したがって、本来なら強度の大きい航空機用のホイールとタイヤを使用することが望ましい。だが、直ぐには入手できないので止むを得ず使用することにする。

・主車輪（写真3-1）
　ホイール：鉄製6×4.00　タイヤ　：16×5.00-6
・前車輪（写真3-2）
　ホイール：鉄製4×3.00　　タイヤ　：8×3.00-4

1-3-2　プロペラ推進装置選定

プロペラ推進装置の選定は、二転三転して決定に大変手間取った。この装置そのものが国内には存在していないので、海外から輸入するしか手立てがない。最初は中国製に目が留まり、輸入を考えたが、入手がかなり難しいということが分かり断念した。海外のWebを調べる中で、米国のホームビルト機製作会社を発見し、輸入代理店を通してその会社から出力15kWのプロペラ推進装置一式を輸入することにする。輸入した装置の梱包を解いてみると、中には製作会社名や規格等のラベルを剥がした装置類と、手

写真3-3　プロペラ＆モータ（米・英国）

写真3-4　プロペラ（仏国）

書きの結線図が入っているだけで、一体どこで作られたものなのかすら全く分からない。規格も不明のため、機体完成後の走行試験では、出力15kWを信じて実験をするしか術がない。やはり、心配は的中し、走行試験では離陸に必要な速度を得ることができず、主要装置の技術情報を入手して改善が図れないものか思案していた。自力飛行成功の前年に、ある雑誌の中で偶然に、モータとコントローラの製作会社名が判明し、それによってモータ、蓄電池とコントローラの結線図等の技術的な情報が得られた。そして各装置の結線回路を見直し、修正ができ、その後のモータ出力向上・プロペラ推力の増加に繋がり、ジャンプ飛行成功へと結びつく。

・モータ：15kW（Lynch製、英国）（写真3-3）

・プロペラ：1.36m固定ピッチ（カーボン製、米国）（写真3-3）
　　　　　　1.30m調整ピッチ（カーボン製、仏国、別途購入）（写真3-4）

・モータコントローラ：KDZ72550（Kelly製、米国）

・Li-Po蓄電池：3.3kWh（写真3-5）

1-4　飛行用計器

飛行計器は、飛行に必要な最低限度の計器、すなわち速度計と高度計を取り付けることとし、これらの計器も国内では入手できないので、米国から輸入することにする。プロペラ推進装置関係の電圧計や電流計は、推進

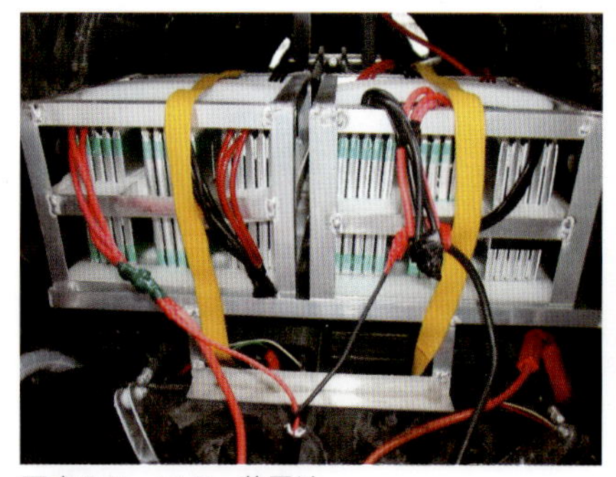

写真3-5　Li-Po 蓄電池

写真3-6　計器パネル

装置一式の中に含まれているので改めて購入する必要はない。

・速度計：Falcon　3-1/8″0-150KPH（写真3-6左側）

・高度計：Falcon　3-1/8″0-10000F（写真3-6右側）

1-5　操縦・制御方式

各種部品が決まるにつれて、図3-1～3で示したように機体の外観を決定した。また同時に内部の構造や各種部品の配置、補助翼や方向舵・昇降舵の可動方式を決定する。

補助翼と昇降舵の可動方式については、プッシュ・プルロッド方式を、方向舵についてはケーブル方式を採用する。

操縦方法は、補助翼と昇降舵についてはスティックタイプの操縦桿で操作し、前後の動きで昇降舵を、左右の動きで補助翼をそれぞれ可動させる方法とする。方向舵はフットペダル（写真3-7）によって可動させる方法とする。また、前輪はこのフットペダルの動きに連動するものにする。自力発航までの様々な修正を経て、最終的には尾輪（写真3-8）もこのフットペダルに連動するように改造した。

プロペラ回転制御は、操縦席左面上方に取り付けたスロットルレバー（写真3-9）を調整し、モータコントローラの電流制御によって行う。レバーを前

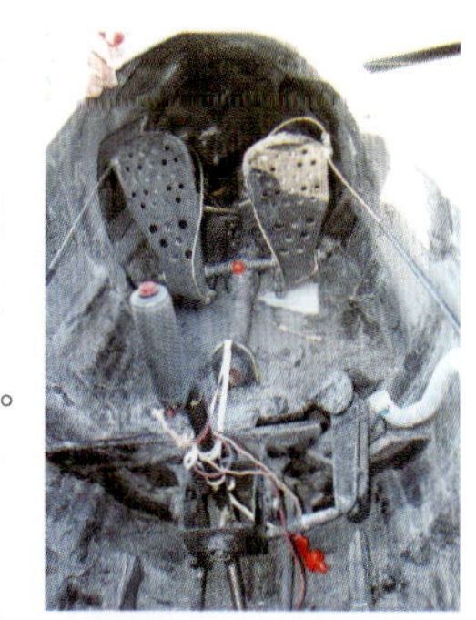

写真3-7　フットペダル

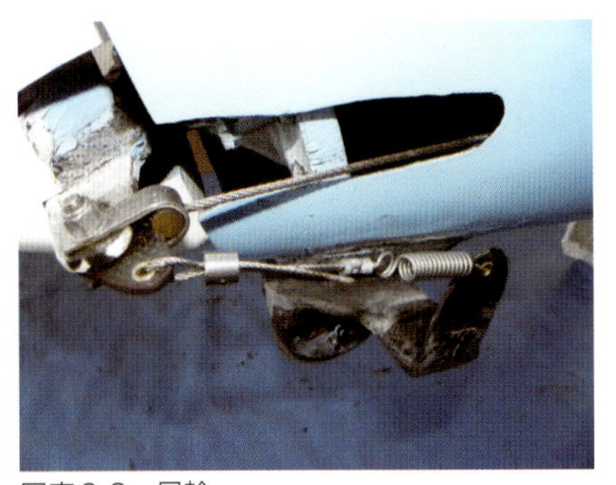

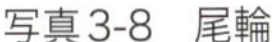

写真3-8　尾輪

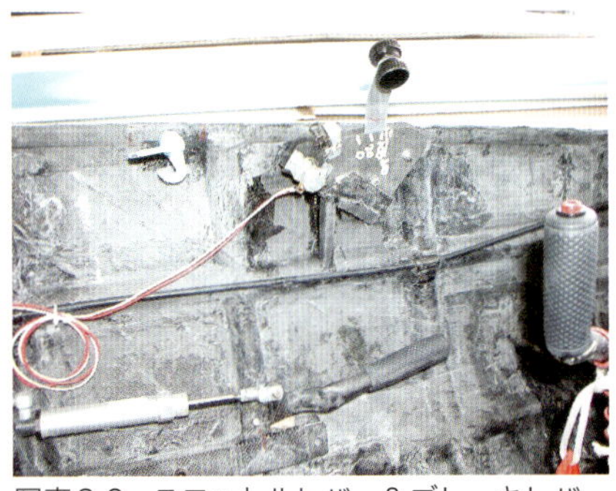

写真3-9　スロットルレバー＆ブレーキレバー

方に倒してモータ回転数を上げ、手前に引いて回転数を下げる。

主車輪の制動は、油圧によるディスクブレーキ方式として、操縦席左内側面下方に配置したレバー（写真3-9）の引き上げ操作によって行う。

1-6　荷重倍数設定

通常の設計では、安全率となるところの荷重倍数は3.8であるが、当機製作においてはジャンプ飛行までを想定していたので、機体の引き起こしに係る荷重倍数2で考えれば良い。しかし、まだこの段階では機体の総重量は定まっていなかった。さらに、全くの素人が製作するということ、しかも炭素繊維（以下Cクロス）によるバータム法アレンジの真空手積み法（以下HRVaBM）によって機体を製作するという前例のない手法を用いるということも考慮して、主翼桁については荷重倍数3.8以上の高い値を目指した。この荷重に耐えられる桁づくりには、大変腐心した。その他の部分については荷重倍数3として計算を行った。主要部の強度計算については詳細設計の項を参照して頂きたい。

2　設計

2-1　詳細設計

設計は耐空性審査要領に基づいて、主要項目の計算を進めていく。

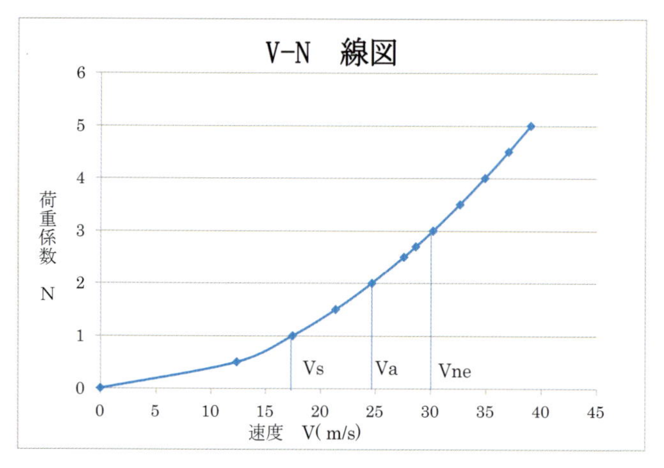

図3-4　速度—荷重線図

2-1-1　荷重倍数n　と　速度V

- 主翼翼型　NACA2415
- 機体総重量　W＝300kg
- 最大揚力係数　Clmax＝1.4
- 主翼面積　S＝11.26㎡
- 空気質量密度　$\rho = 0.125\mathrm{kg}\cdot\mathrm{s}^2/\mathrm{m}^4$

荷重倍数nと速度Vとの関係式は

$$V=\sqrt{2nW/(\rho ClmaxS)}=\sqrt{2\times\frac{300}{0.125\times1.4\times11.26}\times n}\quad=17.45\quad\sqrt{n}$$

で表される。これをV-N線図として図3-4に示す。

- 失速速度

荷重倍数　n＝1　のとき

Vs＝　17.45m/s　＝62.8km/h

- 設計運動速度

荷重倍数　n＝2　のとき

$$Va=17.45\sqrt{2}=24.7m/s=88.8km/h$$

・超過禁止速度

荷重倍数　n＝3　のとき

$$Vne=17.45\sqrt{3}=30.2m/s=109km/h$$

・離陸速度

1.2Vs　より

Vr＝1.2Vs　＝1.2　×　17.45　＝20.9m/s　＝　75.4km/h

・離陸滑走距離

プロペラ推力　Th　は、モータパワー15kW、プロペラ効率60%と仮定すると

$$Th=\frac{P}{Vr}=\frac{15\times102\times0.6}{20.9}=44.0kg$$

離陸滑走距離　Sgは、摩擦係数$\mu=0.02$　として

$$Sg=\frac{VR^2}{2g\left(\frac{Th}{W}-\mu\right)}=\frac{20.9^2}{2\cdot9.8\left(\frac{44}{300}-0.02\right)}=176m$$

・滑空速度

L/D（揚抗比）が最大のときの迎角　6.5°として、

翼データより　C1＝0.8

$$Vg=4\sqrt{W/ClS}=4\sqrt{300/(0.8\times11.26)}=23.1m/s=83.1km/h$$

・着陸進入速度

1.3Vsより

1.3Vs＝1.3　×　17.45　＝22.7m/s　＝　81.7　km/h

・着陸滑走距離

摩擦抵抗係数　$\mu = 0.3$として

$$L_0 = \frac{1.08}{\mu CLmax} \cdot \frac{W}{S} = (1.08 \times 300)/(0.3 \times 1.4 \times 11.26) = 68.5\mathrm{m}$$

2-1-2　TV値、垂直尾翼容積比

・TV値

主翼面積S＝11.26㎡、水平尾翼面積Sh＝1.77㎡、

主翼－水平尾翼間距離I＝3.8m、平均翼弦長C＝0.9m

$$TV = \frac{Sh \cdot l}{SC} = \frac{1.77 \times 3.8}{11.26 \times 0.9} = 0.66$$

・垂直尾翼容積比

垂直尾翼面積　Sv＝1㎡、　主翼－垂直尾翼間距離　Iv＝3.6m

$$垂直尾翼容積比 = \frac{Sv \cdot lv}{SC} = \frac{1 \times 3.6}{11.26 \times 0.9} = 0.35$$

2-1-3　制限加重

総重量　300kg、翼の重量　80kgで、胴体部220kgに対する荷重倍数3を乗じた740kgを制限加重とする。

制限加重　＝　220×3＋80　＝740kg

2-1-4　各荷重のつり合い

図3-5のように、風圧中心周りのモーメントが釣り合っているとすれば、

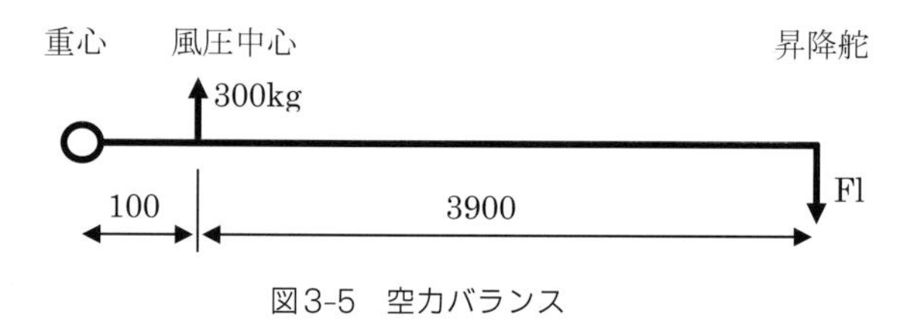

図3-5　空力バランス

重心－風圧中心間　100mm、 重心－昇降舵間　4000mmとして昇降舵に生じる力は、

$$F1=\frac{300\times100}{4000}=7.5kg$$

2-1-5　モータ発生トルク

・発生トルク

最大出力　P＝15kW、最大回転数　n＝3000rpm　として、

発生トルクTは

$$T=\frac{60P}{2\pi n}=\frac{60\times102\times15}{2\times\pi\times3000}=4.9kgm$$

・トルク反動による横荷重Fは、モータと固定点間の距離L＝780mmとして、

$$F=\frac{T}{L}=\frac{4.9}{0.78}=6.3kg$$

2-1-6　操舵面荷重

・昇降舵面荷重

＊失速速度　V＝17.5m/s　、昇降舵面積Se＝0.575㎡　とすると

$F=1/2\,\rho V^2Se=0.5\times0.125\times17.5^2\times0.575=11$ kg

制限荷重倍数　3　として　11×3　＝33kg

＊超過禁止速度　Vne＝30.2m/s　を用いて算出すると

$F'=1/2\,\rho V^2Se=0.5\times0.125\times30.2^2\times0.575=32.8$ kg

となり、失速速度から算出した値より若干小さい。よって、以下の計算では、失速速度から算出した値に単純に制限荷重倍数3を乗じた値を操舵面発生荷重として採用する。（全くの素人集団が製作するというような様々な観点から安全性を重視した）

・方向舵面荷重

同じく、方向舵面積　Sr＝0.38㎡とすると

$F = 1/2\ \rho\ V^2 Sr = 0.5 \times 0.125 \times 17.5^2 \times 0.38 = 7.3kg$

制限荷重倍数　3　として　7.3×3　＝21.9kg

・補助翼面荷重

同じく、補助翼面積Sc＝0.48㎡　とすると

$F = 1/2\ \rho\ V^2 Sc = 0.5 \times 0.125 \times 17.5^2 \times 0.48 = 9.2kg$

制限荷重倍数　3　として　9.2×3＝27.5kg

2-1-7　ヒンジ軸に平行な荷重

・昇降舵ヒンジ軸荷重

昇降舵の自重　2.2kgとして　　Fl＝2.2×12　＝26kg

・方向舵ヒンジ軸荷重

方向舵の自重　3kgとして　　　Fr＝3×24＝72kg

・補助翼ヒンジ軸荷重

補助翼の自重　2kg　として　　　Fc＝2×12＝24kg

2-1-8　操縦系統荷重

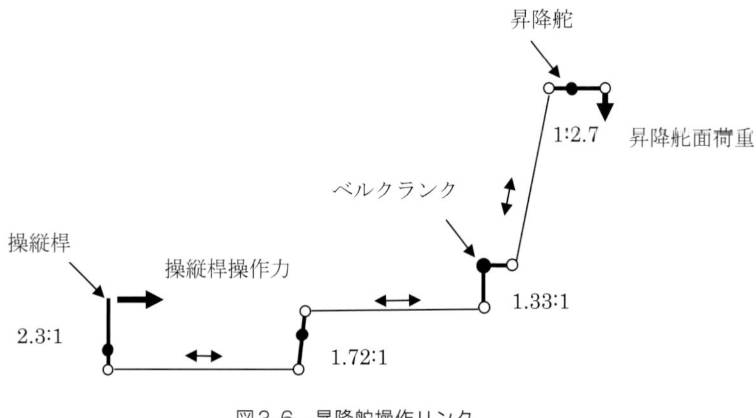

図3-6　昇降舵操作リンク

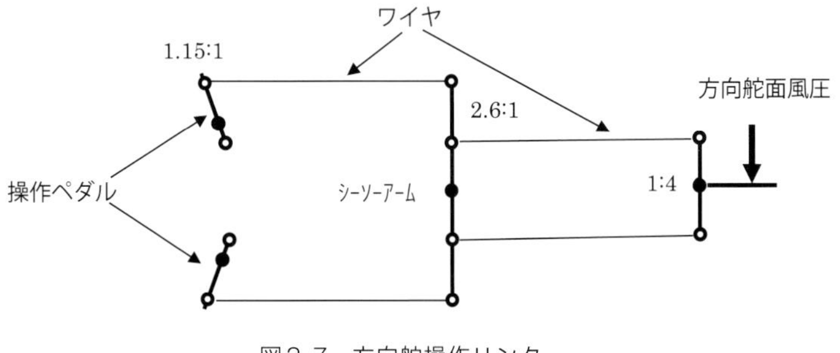

図3-7　方向舵操作リンク

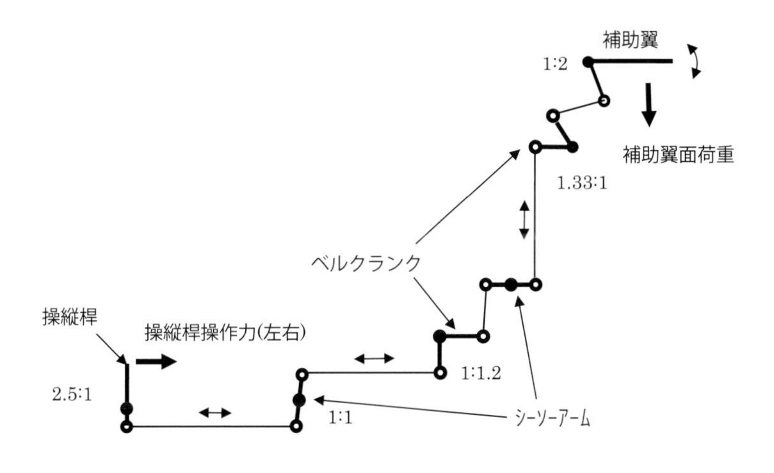

図3-8　補助翼操作リンク

・昇降舵ヒンジ支持部荷重　　1.25Fl＝1.25×26＝33kg
・方向舵ヒンジ支持部荷重　　1.25Fr＝1.25×72＝90kg
・補助翼ヒンジ支持部荷重　　1.25Fc＝1.25×24＝30kg

2-1-9　制限操舵力及び制限操縦トルク

・昇降舵桿

昇降舵操縦系統は、図3-6のようにリンクしている。

操縦桿操作力は、昇降舵面荷重の1/1.95倍となり、33/1.95　＝17kgとなる。

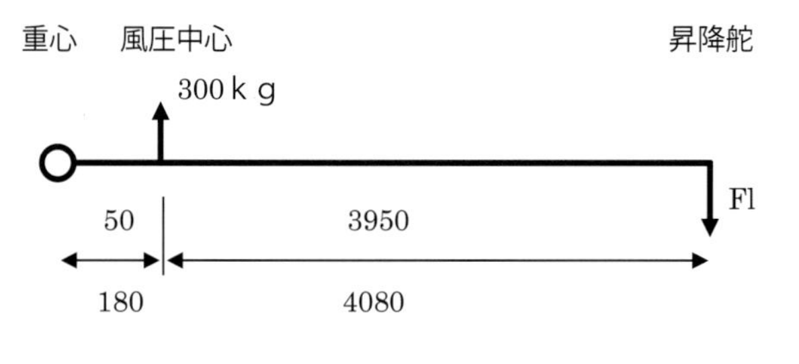

図3-9　空力バランス範囲

・方向舵ペダル
方向舵操縦系統は、図3-7のようにリンクしている。
ペダル操作力は、方向舵面荷重の1.33倍となり、21.9×1.33＝29kg となる。

・補助翼操作力は、図3-8のようにリンクしている。
操縦桿操作力は、1/1.38倍となり　27.5/1.38＝21kg　となる。

2-1-10　水平安定面と水平つり合い面

風圧中心が2300mm前後（主桁位置あたり）にあると仮定し、また図3-9のように重心位置の変動を考慮して、最小・最大値を計算すると、
重心位置が最後部の2250mmにあるとすれば
重心ー風圧中心間　50mm、　重心ー昇降舵間　3950mm　として

$$Fl=\frac{300\times50}{3950}=3.8kg$$

重心位置が最前部の2120mmにあるとすれば、重心ー風圧中心間180mm、重心ー昇降舵間　4080mm　として

$$Fl=\frac{300\times180}{4080}=13.2kg$$

となる。

・操舵荷重

操舵荷重は、図3-6より、つり合い荷重の　1/1.195　となるので

3.8/1.95　＝1.95kg　　　から　　13.2/1.95　＝6.8kg

となる。

・突風荷重

突風15m/sを想定して

$F = 1/2\ \rho\ V^2Se = 0.5 \times 0.125 \times 15.0^2 \times 0.575 \quad = 8kg$

となる。

突風荷重を加算して、13.2＋8＝21.2kg　これに対する操舵荷重は、

21.2/1.95　＝11kg

となり、操作上問題はないと考える。

2-1-11　垂直尾翼面

・操舵荷重

上述の値より、方向舵面荷重の1.33倍となり、19.6×1.33＝26kg

となる。

・突風荷重

突風15m/sによる風圧は

$F = 1/2\ \rho\ V^2Sr = 0.5 \times 0.125 \times 15^2 \times 0.38 = 5.3kg$

よって、 21.9＋5.3＝27.2kg

操舵荷重は、これの1.33倍となるので

27.2×1.33＝36kg

この値による操作は問題ないと考える。

・垂直面

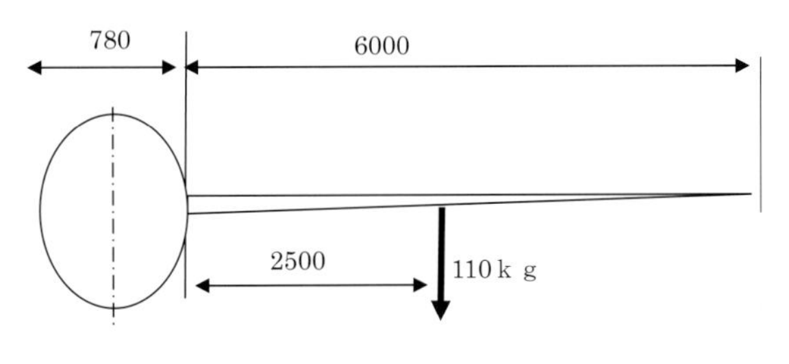

図3-10　桁曲げモーメント算出図

垂直面が受ける荷重は、垂直尾翼面積　Sv＝1.02㎡　として、

$FSv = 1/2\rho V^2Sv = 0.5 \times 0.125 \times 17.5^2 \times 1.02 = 19.5kg$

制限荷重倍数　3　として　19.5　×3＝59kg

となる。この値では垂直尾翼は破壊されないと考える。

2-1-12　補助翼その他特殊機構

・補助翼

上述の値より、補助翼に発生する荷重は、27.5kg　、操舵荷重は　21kg

突風　15m/s　が発生した場合、突風による荷重は、

$F = 1/2\rho V^2Sc = 0.5 \times 0.125 \times 15^2 \times 0.48 = 6.75kg$

風圧荷重は　27.5＋6.75　＝34.25　となり、これによる

操舵荷重は　34.25/1.38　＝24.8kg

となり、操作上問題はないと考える。

2-1-13　主翼

・主翼強度

主翼は、前縁から320mmの位置に桁を設置する構造で、最大モーメントが発生する胴体付け根の強度を3.8G程度の荷重に耐えられるように設計した。

機体総重量より翼の重量80kgを差し引いた220kgの半分110kgが、図3-10のように掛かるものと想定して計算した。

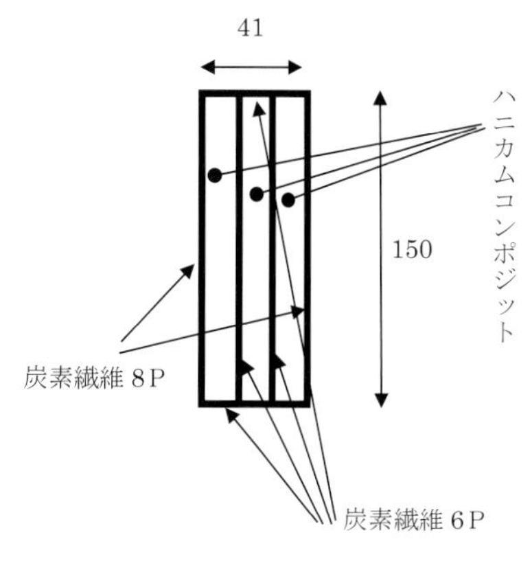

図3-11　桁断面構成

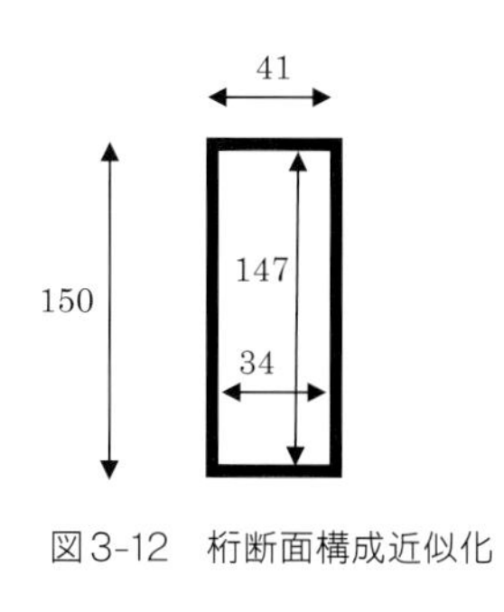

図3-12　桁断面構成近似化

主翼付け根のモーメントM　は、$M = 110 \times 2.5 \quad = 275kgm$
荷重倍数　$n = 3.8$　での曲げモーメントMe　は、
$Me = 275 \times 3.8 = 1045kgm$
桁の断面形状を図3-11のように設定した。
桁断面の構造体を図3-12のように近似すると、（炭素繊維1P＝0.25mm　とする）
断面2次モーメントIは
$I = 1/12\ (41 \times 150^2 - 34 \times 147^3\ ) = 2.53 \times 10^6 mm^4$
断面係数Z　は
$Z = I/75 \quad = 2.53 \times 10^6/75 \quad = 3.37 \times 10^4 mm^3$
よって、この構造で耐えられる曲げモーメントは、炭素繊維の引張強度を　100kg/㎟　とすれば、
$M = \sigma Z = 100 \times 3.37 \times 10^4 \quad = 3370000kgmm \quad = \quad 3370kgm$
となり、十分に耐えられことが分かる。
理論的にはかなりの強度を有することが分かる。しかし、成形過程における樹脂の不均一性等によって強度不足が起こることを想定すれば、これ位の余裕度が必要であると考える。実際にサンプル桁を作成して

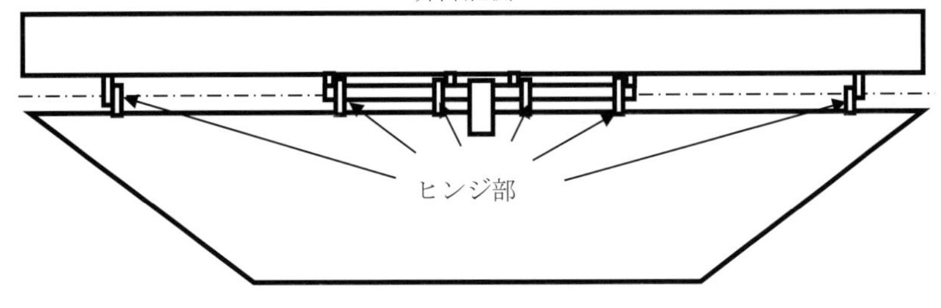

図3-13　昇降舵構造

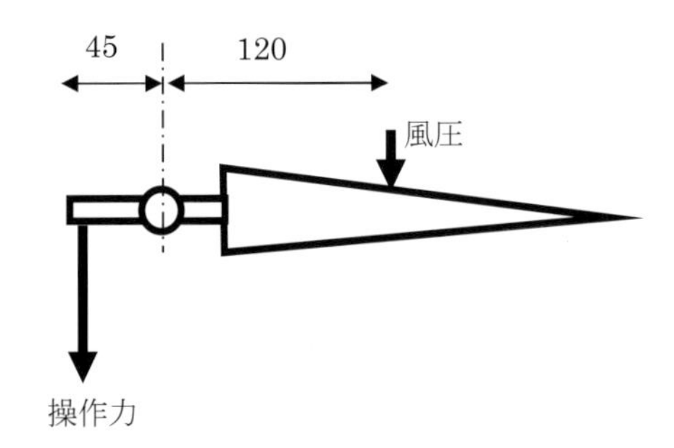

図3-14　昇降舵風圧―操作力距離関係

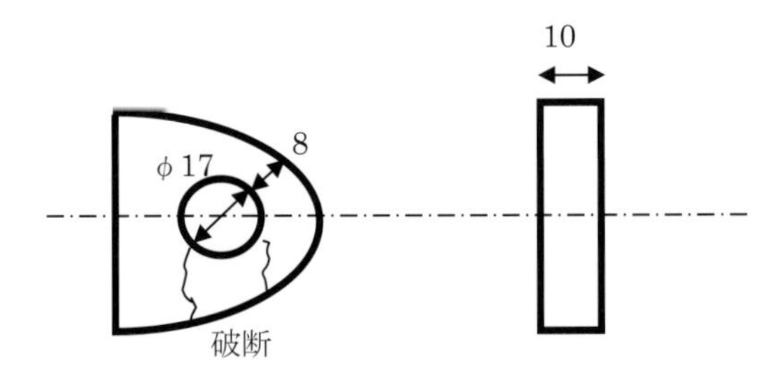

図3-15　昇降舵固定部材寸法

曲げ試験を実施した。

特に桁の下部、即ち引っ張り側には、炭素繊維特有の破断を心配して、靭性に富む液晶ポリエステル繊維（以下LCP繊維と呼ぶ）を包含した。

2-1-14　ヒンジ軸受部

・昇降舵ヒンジ部

昇降舵ヒンジ部は、図3-13の構造とした。

両側のヒンジは、6mm厚の炭素繊維板で、φ6mmの炭素鋼を軸棒とした。中央の4カ所の軸受け部は、10mm厚の炭素繊維板を軸受けとし、φ17mmのアルミニウム管に2mm厚の炭素繊維を巻いた部材を軸棒とし、間に0.5mm厚のメタルを挿入した。

昇降舵を駆動する操作力モーメントによる反力を考慮すると、

制限運動荷重　33kg　が生じたとしたとき、操作力は図3-14より、瞬間的に次の大きさとなる。

F＝120×33/45　＝88 kg

軸受けには　88 kg＋33 kg　＝121 kgの荷重が掛かる。この荷重を中央の4カ所の軸受けで支えるとすれば、1軸受け当たり121/4＝30.3 kg

軸受け形状を図3-15のような形状として、せん断応力　5kg/㎟　としても、破断荷重は

5×8×2×10　＝800kg　となり、全く問題はないと考える。

また、面圧に対しても問題ないと考える。

・方向舵ヒンジ部

方向舵は図3-16のように、上部、下部の2カ所のヒンジで固定している。下部ヒンジは、方向舵を制御するアームを取り付けて可動する構造としている。アーム長、方向舵風圧中心と回転部までの距離の違いにより、下部ヒンジには大きな力が生じることが分かる。そこで、上部ヒンジと下部ヒンジの荷重負担割合を3：7として計算を行った。

上記2-1-6項より、方向舵に働く風圧荷重は　21.9 kg、可動ワイヤに

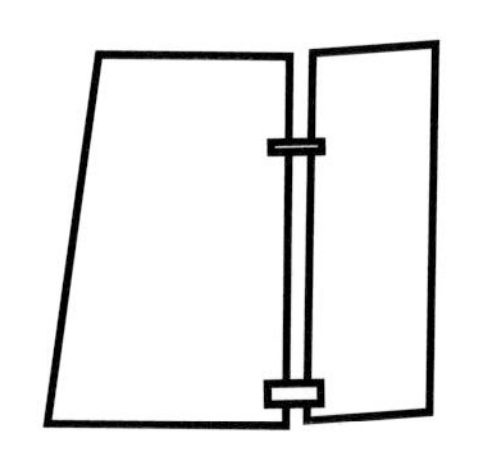

図3-16　方向舵取付状況

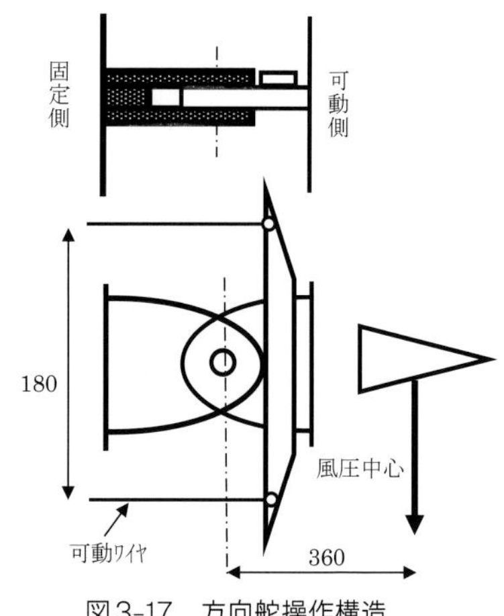

図3-17　方向舵操作構造

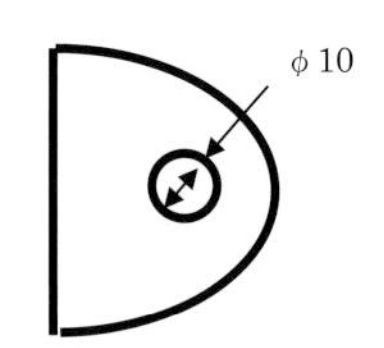

図3-18　方向舵指示下部材

発生する操作力Fは、図3-17より

F＝21.9×360/90　＝87.6kg

風圧と操作力の合力は　F'＝（21.9^2　＋　87.6^2）$^{1/2}$　＝89.7kg

この荷重が軸受けに作用するとして、下部軸受けに70%が働くとすれば、

89.7×0.7＝62.8kg

の荷重が働くことになる。

軸受けを構成する材料を図3-18のように、厚さ6mmの炭素繊維板材で、φ10mmの穴で受けるとして、炭素繊維の面圧力を　10kg/㎟とし、

F＝10×10×6　＝600kg

となり、十分に耐えられるものと考える。

・補助翼ヒンジ部

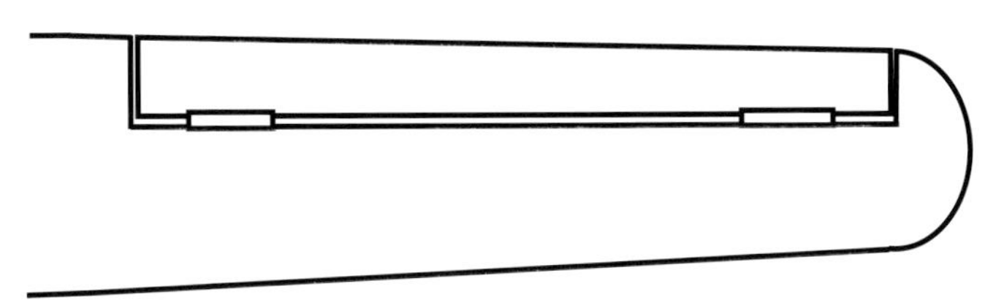

図3-19　補助翼支持構造

図3-20　補助翼取付部材

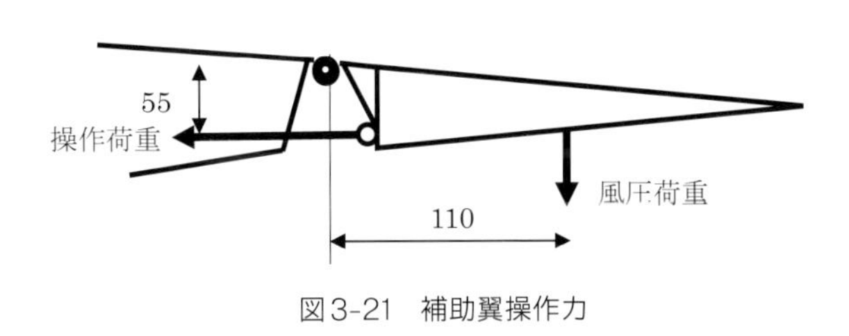

図3-21　補助翼操作力

補助翼は図3-19のような形状で、補助翼の両端近点にヒンジ部を設けた。

各ヒンジは、図3-20のように内径3mm、厚さ0.5mmのアルミニウム管に、4Pの炭素繊維を巻いた長さ120mmの蝶番構造で、φ2.5mmのステンレス棒を軸棒とした。

ヒンジ部に掛かる荷重は、図3-21のように生じるものとする。

補助翼面荷重を、前述の値より24.8kgとすると、操作荷重　Fe　は

Fe＝24.8×110/55　＝49.6kg

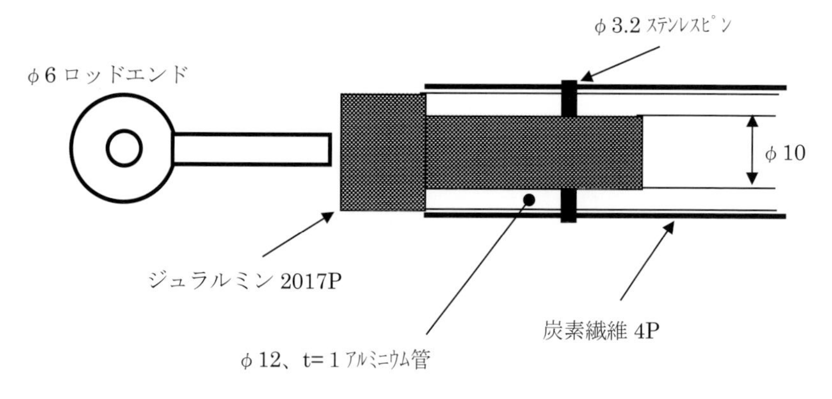

図3-22　ロッドエンド取付部

この荷重が2つのヒンジに　6：4　の割合で働くとすれば、最大30kgの荷重に耐えられるものとすればよい。
炭素繊維の引張強さを　100kg/㎟　として、蝶番の長さの半分60mmで荷重を支えるものとすれば、 $F = 100 \times 2 \times 60 = 12000$kg
の荷重に耐えられることになり、単純に考えて、破壊しないと考える。

2-1-15　連結部（ロッドエンド用）

・各連結部では、昇降舵及び補助翼操作系統で、アルミニウム管に炭素繊維を巻いたφ14mmロッド及びφ6mmのロッドエンドを、方向舵ではφ3mmのステンレスワイヤを使用した。
ステンレスワイヤの破断荷重は、500kgで強度上問題はないと考える。
ロッドエンドについては、図3-22のような構造とした。
φ6mmのロッドエンドの引張強度は、ネジ部を除いた径を5mmとして、引張応力　33kg/㎟　とすれば、
$F = 33 \times \pi \times 5^2/4 = 648$kg
また、ロッドの強度は、表皮の炭素繊維部分で荷重を受けるとすれば、
$F = \pi/4 \times (14^2 - 12^2) \times 100 = 4084$kg

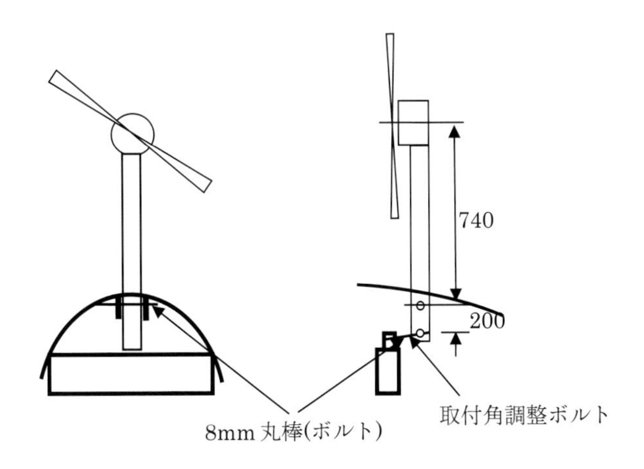

図3-23　プロペラマウント構造

更に、φ 3.2mm ステンレスピンの破断加重を、せん断応力を 30kg/㎟ とすれば

$F = 2 \times \pi / 4 \times 3.2^2 \times 30 = 482kg$

となり、連結部及び連結部材が破断することはないと考える。

2-1-16　プロペラ支柱強度

プロペラ（モータ）マウントは、図3-23のような形状とする。プロペラ駆動用モータは炭素繊維で製作したケースの中に固定し、モータケースは炭素繊維で製作した支柱と一体構造にしている。

・プロペラ支柱支持（回転）軸用丸棒強度

プロペラ推力50kg（実測値40kg）とすると、プロペラ取付角調整ボルト（下側）に働く力Fuは、 $Fu = 50 \times 740/200 = 185kg$

マウント支持（回転）軸用丸棒に働くせん断力Fsは、

$Fs = 50 + 185 = 235kg$

よって、丸棒（φ 8㎜）に働くせん断応力τは

$\tau = 235/2 \times 4/(\pi \times 8^2) = 2.34kg/㎟$

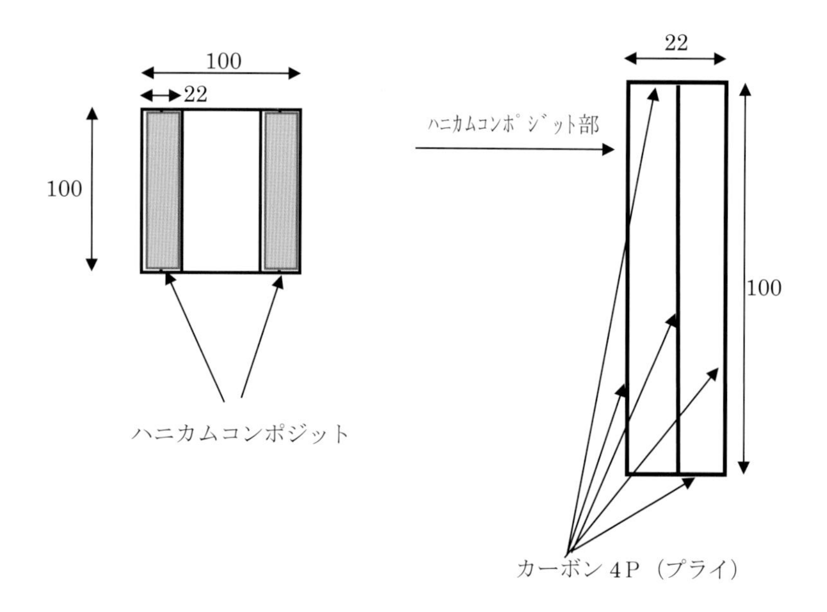

図3-24　プロペラ支柱断面構造

使用材料S45Cとし、許容せん断応力を20kg/㎟　として、全く問題ないと考える。

・プロペラ取付角調整ボルト強度

ボルトの引張応力σuは、ねじ谷部の直径を　6.5mmとすれば

$\sigma u = 4Fu/(\pi D^2) = 4 \times 185/(\pi \times 6.5^2) = 5.5$kg/㎟

となり、許容引張応力を　40kg/㎟　とすれば、これについても全く問題ないと考える。

・プロペラ支柱強度

プロペラ支柱の断面構造は、図3-24に示す通りである。

ハニカムコンポジットの断面2次モーメントIは、

$I = bh^3/12 = (22 \cdot 100^3 - 19 \cdot 98^3)/12 = 3.43 \times 10^5 mm^4$

断面係数Zは　　$Z = 3.43 \times 10^5/50 = 6862 mm^3$

ハニカムコンポジットに働く曲げ応力σは

$\sigma = M/Z = 185 \times 200/6862 = 5.4\mathrm{kg/mm^2}$

となる。さらに、この応力は両側のハニカムコンポジットで受け持つので半分になる。従って、強度上全く問題ないと考える。

（三宅）

第四章　原型とメス型

1. 機体の材質と成型法の決定

前述の通り知識者達から情報を得て、機体の材質を決定しようとしたが、木製ないしアルミ製の骨組みを薦められた。コンセプトではカッコよく、CFRP率100%近くで造ろうなどと言っていたが、果たして素人が成型するCFRPで飛行機は出来るのだろうか？大方の者達の意見は、「**金を捨てるようなもの！99.9%できない！時間の無駄だ！やめておけ！**」である。だが、原型について企業の協力が得られそうな状況となり退路はなく、何が何でもCFRPでやり抜くしかなくなった。それもデータ・資料が全くない状況下だけに、試作・破壊試験からデータを集め再び試作を繰り返すことと、資金と時間が掛かることに賛同を頂くことでCFRP製に決定した。

成型法はプリプレグによる**オートクレーブ方式**にするか、**RTM**や**VaRTM方式**にするか、はたまた**ハンドレイアップVaBM**（真空手積み、以下**HRVaBM**）にするかであるが、機体の大きさ・成型装置・経費・難易度等々を考慮して**HRVaBM法**にするしかなかった。

ところが、この方法で成型された飛行機が飛行した資料もなければ、データもない。ひと口にHRVaBM法とは言っても、オス型法かメス型法なのかも、判断が出来ていない。最終的には、1）極小機ゆえの製作難易度 2）多量生産可 3）機体構造上（軽量化・分解型）からメス型法にすることにしたが、どのような製造工程で、どのような工作機械や製造装置を自作したら良いものか、皆目分からなかった。一方、新素材のカーボンクロスの種類と入手先（大量）、エポキシ樹脂の種類選定（硬化速度等）、成型炉構造と製造、物性試験の装置と方法、真空ポンプの性能、メス型の強度等々、全てがゼロからのスタートで、手探りの製作であった。

写真1　エアロメシア模型

写真2　岡南飛行場研修

2. 実物大の原型材質

発泡スチロール（カサ比重0.03）を主に使用し、薄い所や長く幅広の所は芯に集成木材を使用している。発泡スチロールは特性上、気温による膨張と収縮を繰り返す為に、寸法が不安定になってくる。従って成型後は、最長で2〜3ヶ月内に型取りを終えることが重要である。寸法精度は±0.2mmのみで、捻れなどの変形は全く見られないものであった。胴体は前後左右で半割の4ピース、翼は平行幅翼（左右共通）と先端翼（左右）の3ピース、方向蛇、水平尾翼、キャノピーを製作した。尚、ここで最も重要なのは、それぞれの原型に、「真空成型」の為の真空ガイド幅と、シールパテ用のエッジ幅を採ることと、抜き勾配を採ることである。

写真3　主翼発泡スチロール原型

写真4　胴体発泡スチロール原型

3. 原型表面加工

発泡スチロールの原型の表面加工は、表面の毛羽立ちを除去する為に、#400の空研ぎペーパーで研磨する。次に高圧スプレーガンを使用して、スチレンフリーの樹脂（二液性黒色）を塗りむらがないように塗布する。硬化後に、#400で突起部を整えるように研磨する。もう一度、同作業を繰り返し、表面が完全に被覆できたらウレタン樹脂（二液性黒色）の2度塗りをスプレーガンで行い、しっかり硬化させる。

硬化後、研磨作業に入り、#800. 1000.1200と番数を上げていき、最後は研磨ペーストで鏡面に仕上げる。この時、特に注意をしなくてはならないのは、研磨作業と原型破損である。研磨は作業効率を上げようとして、バイブレーターや回転方式の動力を使いがちだが、これらを使用すると原型表皮と樹脂膜の間に、振動による剥離が起こり、完全に剥がれてしまう。従って、時間がかかっても、手作業で丁寧に行うことが重要である。

尚、木製の部分はあらかじめウッドシーラーで吸い止め加工を施しておく。また、破損箇所の補修は、スチレンフリー樹脂を塗布後、車用パテで形を整える。

注意　①原型は発泡体なので、極度に力を入れると破損する。従って力加減が必要である。
②電動研磨機は使用しないほうが良い。発泡スチロール表皮上の樹脂表皮が振動により剥がれる。
③研磨は大きな面ほど波を打つので全体的に丁寧に研磨する。
④サンドペーパーの番数変更の時、表面の粉体を清掃すること。

4. GFRP メス型の成型

原型の表面加工が終了したら、メス型の型取りに入る。

まず原型表面に、離型剤をしっかり擦り込みながら、塗布する（2度塗りがよい）。乾燥後、塗りむらのないように、ポバールを一回のみ刷毛塗りする。積層樹脂はノンパラ（パラフィンの入ってないもの）不飽和ポリエ

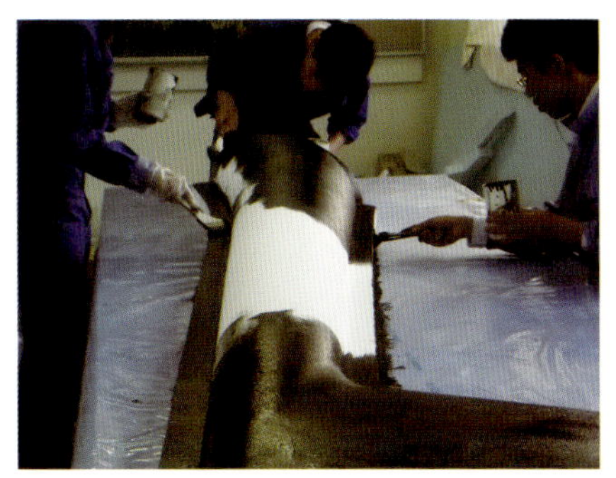

写真５　原型表面樹脂加工

写真６　原型樹脂加工表面の凸凹

写真７　スプレーガンによる原型表面樹脂加工

写真８　原型表面研磨加工

写真９　原型鏡面研磨仕上げ

ステルを使用し、ポバール乾燥後、高圧スプレーガンでゲルコートを、１～1.5mm厚に塗布する。半ゲル化（75%前後）したらＧ（ガラス）サフェーサーを１Ｐ（プライ）積層し、半ゲル化時にＧクロスを３Ｐ積層する。次

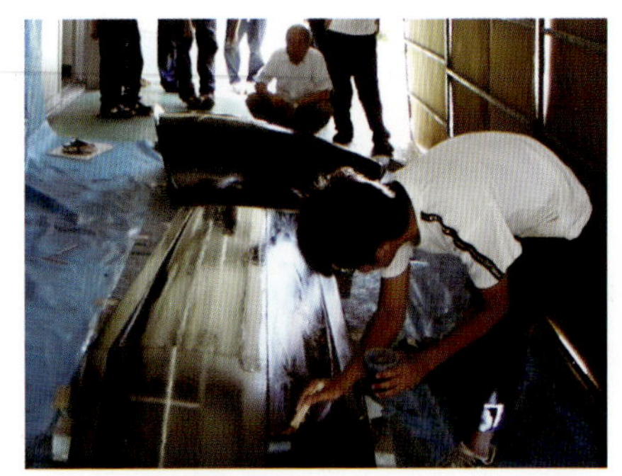

写真10　離型剤塗布

写真11　GFRPメス型ゲルコート

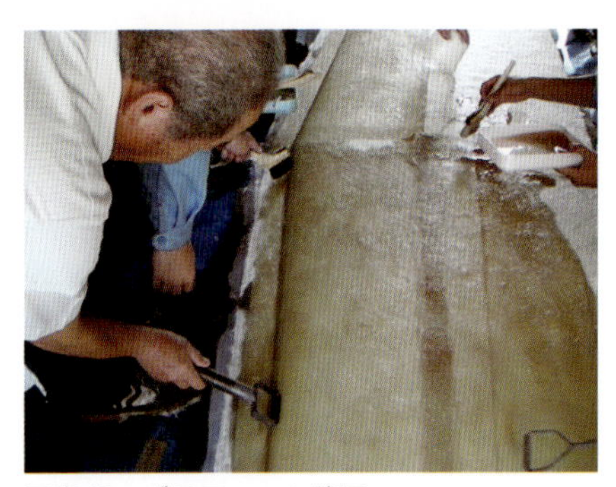

写真12　グラスマット積層

にGマットを2～4P（型の大小で差異）積層し、完全硬化するまで2～3日放置する。

メス型数は写真（8）のように、主翼の胴体側（寸法変化ない部分）部分の下（底）面と、上部（桁まで）のDボックス面、桁からソーラー寸法分だけ離した主翼後縁面の3面を作る。同様に主翼先（寸法変化ある部分）も下（底）面とDボックス面と後縁エルロン面（中央部はあける）の3面に分ける。さらには胴体前後左右4面、水平尾翼上下共通で1面、方向蛇2面、キャノピーのオスメス2面の計15面である。

注意　①減圧による変形が起きないようしっかり強度を出すこと。
②真空成型の為のエッジ幅をしっかりとること。
③離型用空気吹き込み口を必要最低限2個は設けること。
④割り型になる成型は片面成型後、合わせ型の成型の際、接合面にはしっかりと

写真13　メス型 補強枠組

写真14　スチレンフリー塗布

写真15　メス型補強枠GFRP加工

写真16　メス型完成の全て

離型ワックスとポバールを塗布する。

5. GFRPメス型の補強

真空成型によるメス型の変形を防ぐ為に、型の補強をする。補強リブは格子状にするのが最良で、リブの間隔は最小で積層可能なスペースを基本とし、型の大きさに合わせて間隔幅を決定する。

リブの素材は、高密度ポリスチレンフォーム（以下**HPSF**）を使用する。これはメス型の軽量化と寸法性（底部の水平）を考慮したもので、他の材料にはない取り扱い易さと加工性の良さがある。切断には熱線と一般ノコを使用し、メス型の外壁形状に合わせて切断する。型への接着は速乾性の増粘したスチレンフリー樹脂を使用する。

まず切断されたHPSFは、前述した樹脂をペースト状にしたもので接着する。完全接着を確認後、リブ全面に、不飽和ポリエステル系スチレンフリー樹脂を塗布する。硬化後Gクロスを2PとGマット・2〜4Pを一気に積層し、底部になる面が硬化しない内に平面にする為、平面板で押さえ、硬化後取り外す。

（三宅、坪井、服部）

第五章　炉・スケルトン成型と各部物性試験

1. 加熱炉成型

加熱炉は、大・中・小と極小型の４種類を製作した。材料は密度0.03のスタイロフォーム（以下HPSF）で、厚さ25・50・70mm, 幅1000mm長さ2000mmを使用する。最大は幅1.5m高さ1.5m長さ8mの炉を製作する。構造は全て回分式とし熱源は一般のファンヒーターを利用し、大きさに合わせて前後2基で使用する。のぞき窓は0.5mm厚のPET板で標準的に左右に2個ずつ、天井に2個設ける。また硬化度合いをチェックする為に、サンプリング口を設ける。一方、既製炉が使用出来ない場合は、それぞれの形状に合わせて、臨機応変に簡易炉で対応する。

成型時の温度は60～75℃度までとし、成型品の大きさにもよるが、床から30cm以上離すことが望ましい。

尚、温度むらをなくす為に、邪魔板や通気口を設け、温風吹き出し口も合わせて設ける。

写真17　中型加熱炉

写真18　大型加熱炉

写真19　GFRP製スケルトン

写真20　スケルトン内部

2. スケルトン本胴体成型

メス型が出来たら、型が寸法通りに出来ているかをチェックするここと、部品及び動力部配置用の実大模型（スケルトン）を成型する為に、GFRPをハンドレイアップ方式で成型してみる。メス型取りと同様、出来たメス型に離型ワックスをしっかり擦り込む。

次にポバールをむらなく刷毛塗りし乾燥させる。乾燥後、増粘した透明不飽和ポリエステルをゲルコートとしてガンで吹きつけ、ゲル化後Gサフェーサーを1P積層する。約75％硬化後、Gクロスを2P積層する。硬化後、コンプレッサーでメス型と製品の間に空気を吹き込み離型する。胴体前後左右の4ピースを張り合わせ、寸法性や形状の確認を行う。

3. Cクロス・ハニカム複合材物性成型試験

3-1. 本校HRVaBM法の基本

まず成型作業台の基盤には、木材・鉄材や石膏ボード等がある。熱や真空変形、価格、重量を考えると、15mm厚の石膏ボードが使い易かったのでこれを使用する。離型として農業用ポリエチレンフィルム（以下**農ポリ**）を用い、余分な樹脂除去には両面に**ピールプライ**（ナイロン製タフタ、以下**タフタ**）を使用する。

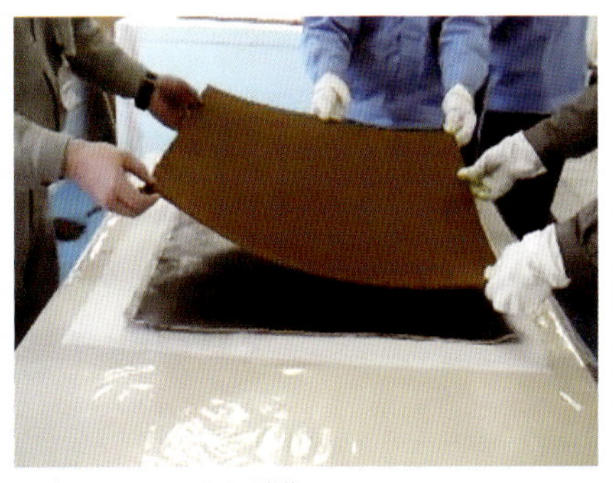

写真21　ハニカム試作

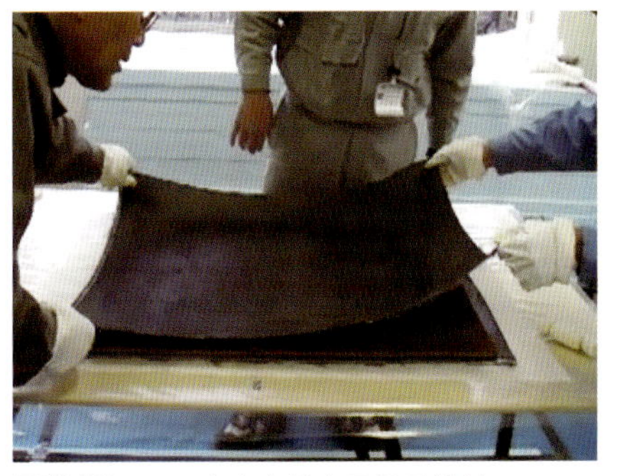

写真22　ハニカムをＣクロスで挟む

真空のシールドとして空調用パテ（以下**真空パテ**）を使用し、均一に真空を行き渡らせる為に、約2cm幅の真空ガイド（厚さ8mm**硬質不織布**）を周囲に設置する。また真空ホースは高真空用のものを使用する。

3-2. HRVaBM法

この方法はプリプレグのオートクレーブ法に比べ、物性的信頼性に欠けるとされている。そこで我々は自作Ｃクロスハニカム複合材（以下**ハニカムコンポ**）を製作し、**既製品にどこまで物性的に近づけるかを、曲げ・圧縮・捻れ・剥離について試験検証**を行う。

3-3. Ｃクロス（平織・200g/㎡、以下クロスと呼ぶ）に樹脂含浸量塗布試験

プリプレグはクロスに樹脂が均一に塗布されているが、このHRVaBMはクロスにゴムヘラ（シリコンゴム製）で手塗りをする為に塗りむらを起こし、強度・重量等に大きな差異を生じる。そこでヘラの塗布方法に熟練し、均一重量になるよう、何度も成型（真空・加温は一定）し計量を行う。

その結果、既製品に比べ、CFRP単体で85〜90 %の物性（曲げ・引っ張り）を得た。従って既製品と同等の物性にする為には、全てを**１割〜２割増し**にすれば良いことが分かる。尚、試験機は金属用引っ張り試験機を使用する。

3-4. Cクロスハニカム複合材（以下ハニカムコンポ）物性試験と成型法

クロスで　紙ハニカム（**セル**3×10㎜**厚**）を用い複合材にする。これも市販の既製品と物性比較し、成型方法を確立する。

はじめに30㎝角でハニカムコンポを成型し物性試験を行う。石膏ボードに農ポリを貼り、その上にタフタを敷き、樹脂含浸させたクロスを載せる。次にあらかじめハニカム片面の上にロールで樹脂を軽く塗布したものを、下向きに伏せるように置き、もう一方のハニカム面にロールで樹脂を塗布する。その面にもう一枚の樹脂含浸したクロスを載せ、タフタ・農ポリの順に貼り、真空パテでしっかりと密封し、真空ポンプで真空にする。基盤ごと加熱炉に入れ、60～75℃で硬化するまで加熱する。硬化後タフタを外し、切断後、物性試験用ピースとする。これらハニカムコンポの一連の真空成型手順を、以下「**ハニカム真空成型**」と呼ぶ。

真空度は最初10**トール**まで引き、20トールに落とした後、**硬化まで引き続ける**。この操作は、ハニカムの変形（縮み）と、ハニカムセル内へのクロス面凹みを防止する為である。

試験の結果、市販品と比較して、ほぼ満足のいく数値が出た。曲げ・圧縮とも市販品の95～97％の強度で、重量は3～6％、密度は5～8％増であった。試験機は曲げ・圧縮とも金属試験機を使用する。

尚、試験ピース成型は生徒達の訓練も兼ねており、引火性危険物（アセトン等溶剤）、離型剤（使い分け）、樹脂取り扱い（配合と反応速度）、真空ポンプ（操作と認識）等の熟練と熟知を徹底させる為に必要である。

注意　①農ポリは基盤ボードにガムテープでしっかりとシワのないよう貼る。
　　　②樹脂は垂れ防止の為にエアロジルを気温の度合いに応じて適宜混入する。
　　　③ハニカム面への樹脂塗布は、セル内に垂れ込まない程度にする。
　　　④上掛け農ポリは、表面の凸凹に合わせて大きめに空間を取る

写真23　試験片試作と真空ガイド

写真24　桁折り曲げ試験

3-5. フルサイズハニカムコンポ成型法

ハニカムコンポの成型作業は、小型のものであればしやすく簡単であるが、幅75cm、長さ150cmにもなると樹脂を含浸させたクロスは重く、二人がかりでもとても作業出来るものでない。作業時間がかかり、重く、周囲はほつれ、クロス目の崩れ、ハニカムの上に正確に置けない等々扱いにくく、コンスタントに複合材は出来なかった。そこで試行錯誤の結果、写真（26）のような蒲鉾形の大きなインク吸い取り器の冶具を作る。アール面にクロスを置き、樹脂を含浸させた後、ハニカムの上にインクを吸い取る要領でクロスを剥がしながら貼る。これで前述の欠点を全て解消することが出来たが、基本的には成型工程は試験ピース作りと同様である。尚、ハニカム面とクロス面の接着力をより強固にする為に、農ポリを貼った時点

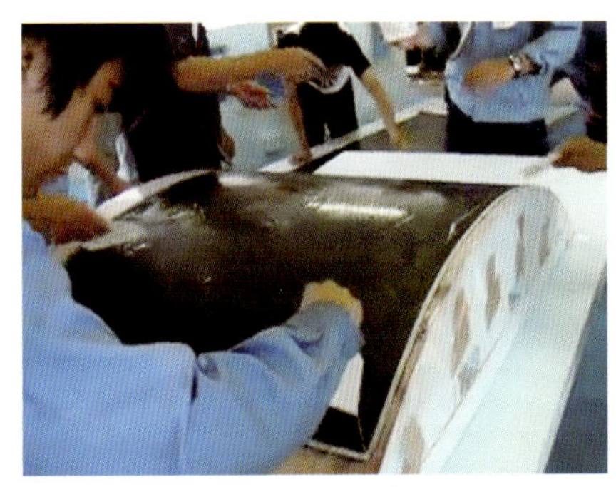
写真25　Cクロス貼り付け冶具

写真26　フルサイズハニカムコンポクロス貼り

写真27　タフタにPEフィルムを貼り真空成型

で一度上下を反転させ「ハニカム真空成型」する。

4. 桁の形状及び物性試験

4-1. 桁形状の決定

市販と同等のハニカムコンポが出来たことから、飛行機の最も重要な**桁**の形状を数々の物性データ（形状と重量）から決定する。

曲げ・捻じれ試験に耐えうる形状が必要となるので、ハニカムコンポ単品をハニカムセル面と横面（縦方向）で試験をする。その結果、横面が3倍の数値を得たことから、横面を縦方向にクロスを巻寿司のように巻き付け、図（1）で示した形状にする。

4-2. 物性試験と最終形状

大まかなハニカムコンポの使用法が分かり、目標の数値になるよう設計実寸法で試験を行う。図（2）のようにハニカム厚は3枚で4㎝、幅12㎝、長さ2.7mにクロスを巻き、試験を繰り返す。1本あたりの価格が約9万円のものを、何度も何度も試験で破壊することになったので、理想の桁に辿り着いた構造を敢えて特筆しておく。

この飛行機は組み立て式（翼類）の為、胴体の**桁ケース**に桁を左右から差し込む方式を取っている。図（3）で示すように、桁は桁ケースの左右

写真28　桁試作真空成型

写真29　4G桁試験成功

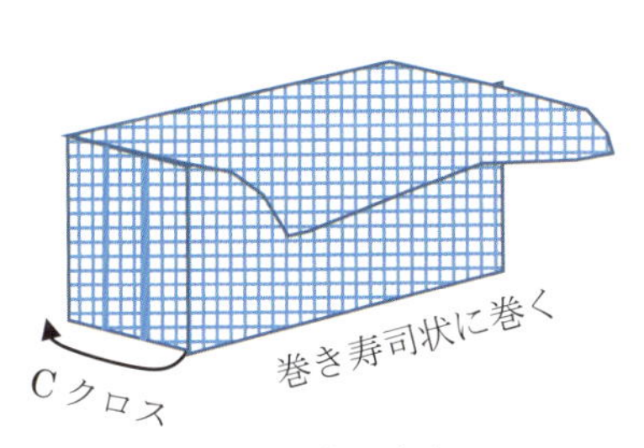

図1　桁形状の決定

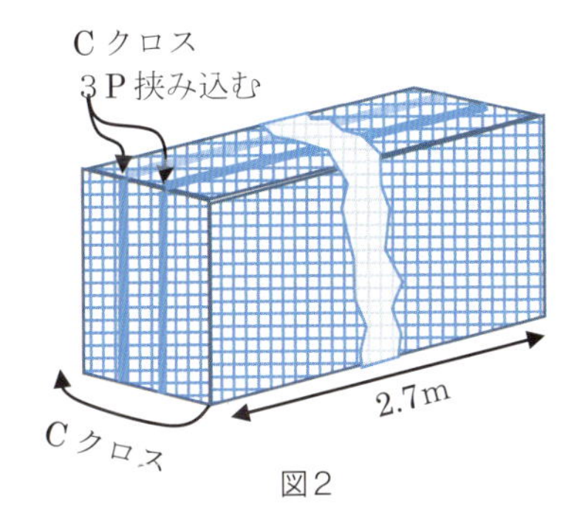

図2

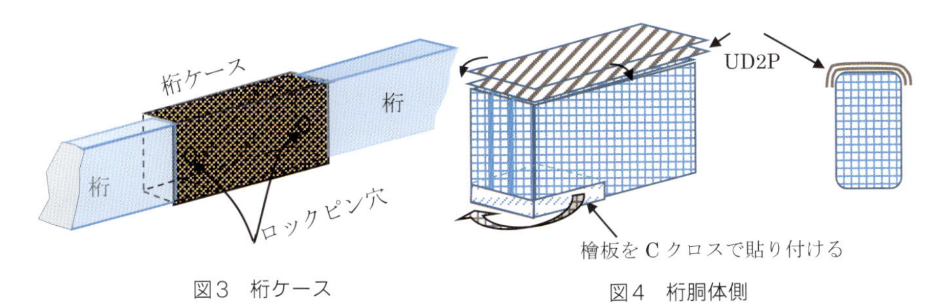

図3　桁ケース

図4　桁胴体側

先端部が支点になり、全荷重が上下に掛かって来ることになる。従ってその荷重に耐えられる強度を出さねばならない。だが、単に3枚のハニカムコンポへ、クロスを巻けば済む話ではない。軽量化も考慮せねばならず、ハニカムコンポ面のクロスを増やしたり、縦方向の上下面に5mmの春巻き状空間を入れてみたりした。さらに巻寿司クロスの巻数を減らす為、長尺方向の強度増の為に、単一方向性カーボン繊維（以下UD）を入れたり、CFRPの欠点を補う為に、**液晶ポリエステル繊維**（以下**LCP繊維**と呼ぶ）をどのように入れれば良いか、安全性と軽量化の要求を同時に解決すべくテストピースを作り、トライ&エラーの試験を繰り返す。写真（29）は最終試験に成功したもので、図（4）に示すような構造の桁である。

その結果、長さ2.7mのスパンに対して、**荷重350kgに耐える、約4Gの数値を得る**。

5. 各種部品の形状と物性成型試験

各種部品の形状及び寸法は、機体内に納まる形状となるので、スケルトンにて写真（30）で示すように、ジュラルミン（以下**ジュラ**と呼ぶ）で設計図どおりの実物大を作り、十分な検証の上決定する。

機能・強度・耐久性・変形性を併せ持ったものとしなくてはならないので、苦難を強いられる。特に駆動部分（各種クランク・アクチュエーター・操縦桿自在・方向蛇・昇降蛇・各種ヒンジ）は金属ベアリング及び軸受との相関性を必要とするので、強度・寸法はもとより、金属との接着・駆動性は最も重要である。

そこで各部品とも、どの程度耐えられるのか、捻れ・圧縮・剥離・機能性について試験する。

図（5）で示すように、軽量化は最優先で、いかに軽くして強度保持をするかがカギである。その為、リブの数を増減したり、クロスの枚数を増減したりして、形状が許す限り変形させ軽量化を図る。またロッド等の金属との接着は、数種サフェーサー剤をたわみ・剥離の度合いで試験

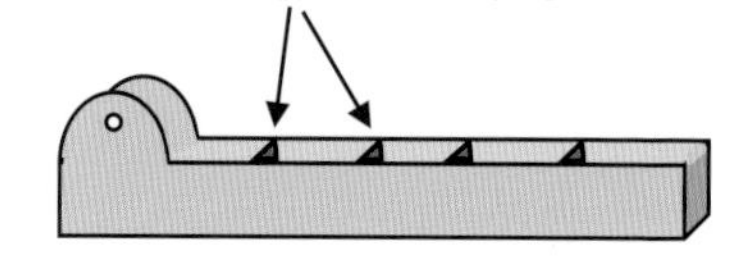

図5　エレベータ駆動部品

写真30　スケルトン実物大装置配置試験

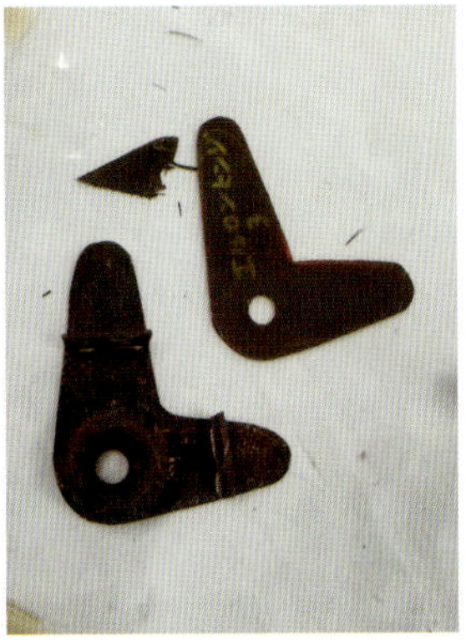
写真31　クランク試作成型

写真32　クランク強度試験

する。

　尚、試験機としては特に設けず、全て物性はジュラ製と比較して重量比的に同等もしくは1.5倍強で良いものとする。

6. メインギヤフレーム形状と物性試験

　主輪タイヤを支えるフレーム（メインギヤフレーム以下MGFと呼ぶ）の設計値は、250kg**の重量**を載せ、50cm**の高さ**から落下させても充分耐えられるものでなくてはならないので、写真（34）で示すコックピット付近

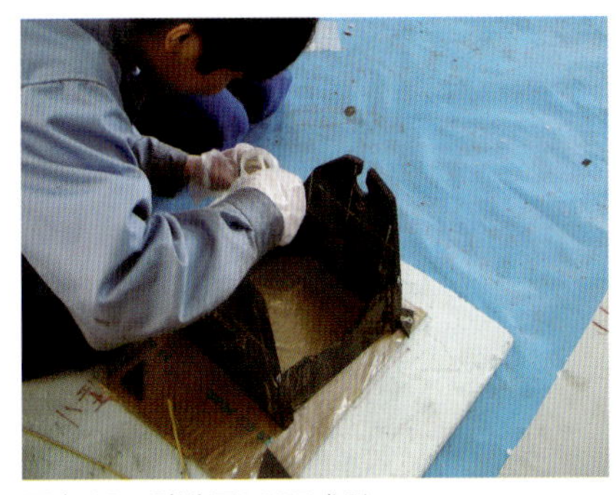
写真33　試験用MGF成型

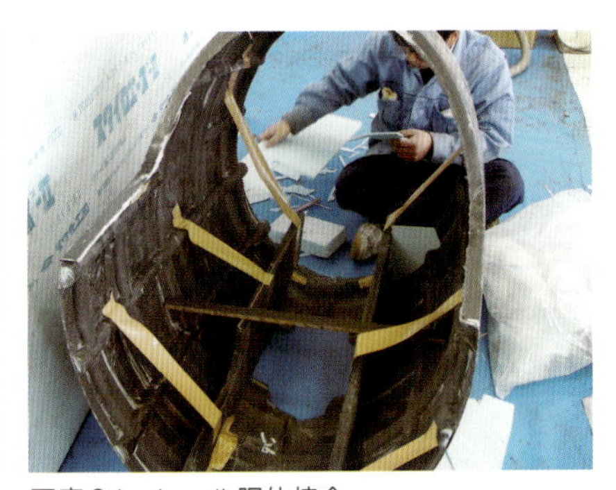
写真34　レール胴体接合

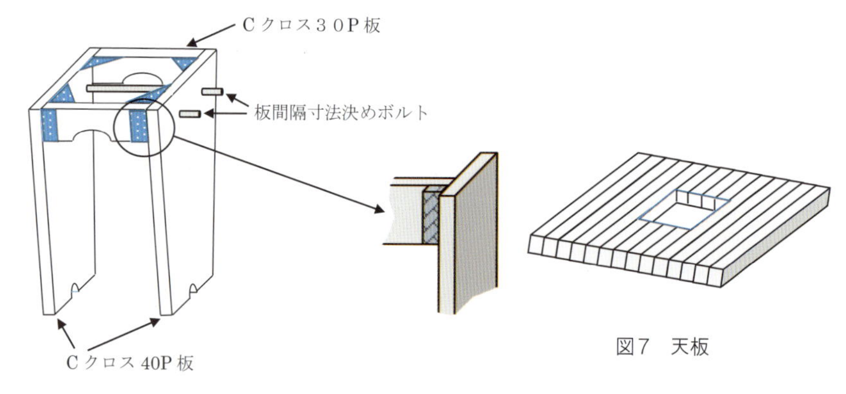

図７　天板

図６　主車輪取付部

写真35　胴体落下試験

写真36　落下試験後シャフト変形

の胴体（完成品と同等）に、成型したMGFを取り付け、写真（35）のような落下試験をする。MGF素材は全てCクロスのみで、40P（約12mm）積層したものを図（6）のような形に作る。また、胴体との接合部は衝撃力を全体に分散させる為に、天板として図（7）のような組み木状（軽量化と高強度の為）に成型したものを取り付ける。落下試験の結果、胴体・MGFとも全くビクともしていなかったので、この方式で充分耐えられることが分かった。ただ写真（36）でも分かるように、タイヤホイール・シャフトが実験の衝撃で大きく変形したことから、これらのホイールの規格・シャフトの構造を再考することにする。

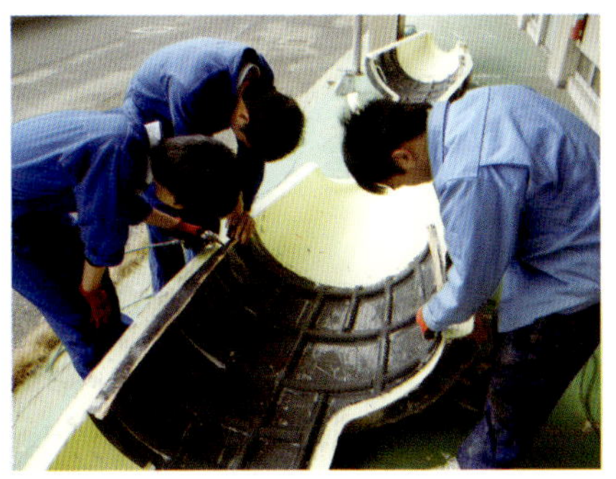
写真37　落下試験用胴体補強

写真38　半円柱切り出し装置

写真39　半円柱切り出し装置

7. 胴体補強の形状と物性試験

機体の構造補強はフレームとストリンガーを入れたものが多いが、本校はCFRP製であることと、小型であるがゆえに構造上の問題から独自の開発となる。機体表面の外壁（以下**機体スキン**）のCFRP約1mm（3P）を基本厚さとし、それに対して捻れ・曲げ・衝撃試験を繰り返し行った。軽量化の為にトラス構造やモノコック構造も考えられたが、成型上の困難さと複雑さで断念する。その結果、辿り着いたのが写真（37）のようなセミモノコック構造である。フレーム・ストリンガーの形状は数々の試験から写真（38）のHPSF製半円柱（以下**半円柱**）が最高の値を出したことと、機体スキンへの密着性や半円柱長尺物の製作が容易であることも、大きな決定条件となったのである。尚、フレーム・ストリンガーの本数は試験の結果から割り出した。

8. 胴体へのレールの形状と物性試験

コックピット下からメインギヤまでのレール状のものは、主にメインギヤの支えと胴体補強及び座席シート固定の為で、離着陸時の衝撃と座席シートの前後移動（重心調節）等に耐えられるものでなくてはならない。これは前述のMGFとセットで使用されるので、図（8）で示すように、胴体に完全密着されなければ意味がないことになる。まず図（9）に示されるような形状のレールの一方を固定し、反対側に50Kgのおもりを吊るす。そのおもりをめがけて40cmの高さから、5Kgのおもりをぶつけて耐えられるかどうかを試験する。合格したレールをMGFに接合し、胴体に貼り付

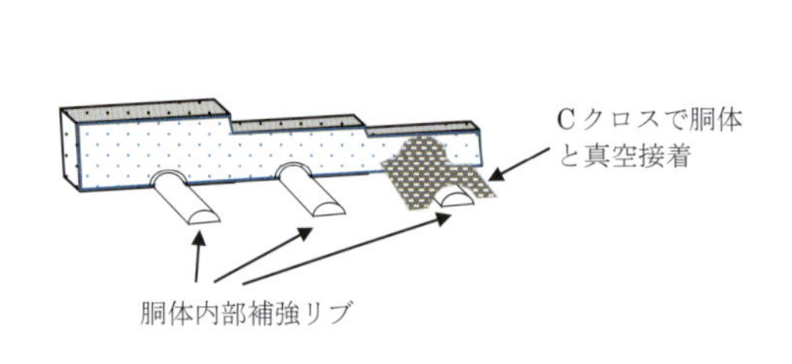

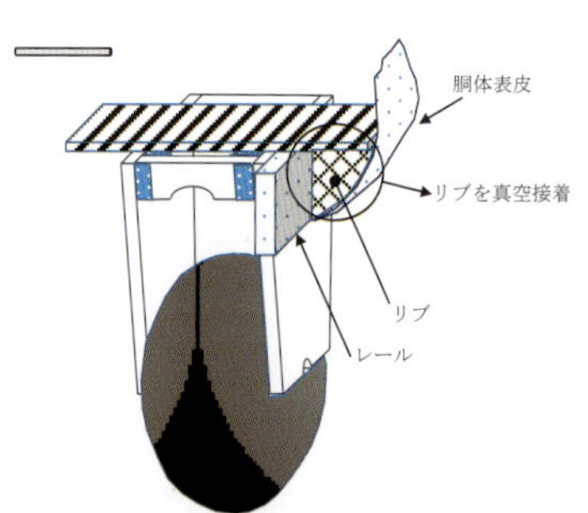

図8　操縦席取付レール

写真40　胴体とレール接合

写真41　落下試験後無傷のMGF

け、MGF試験を行ったのである。結果は前述の通りでレールに関しても全く問題なかった。

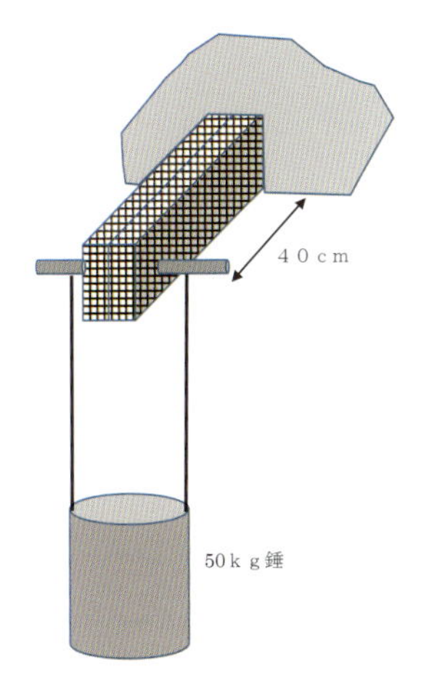

図9　レール強度

9. 主翼の補強と物性試験

桁にリブ（2Pハニカムコンポ）を取り付けただけでは強度が出ないので、長さ1mの翼を作り試験する。翼のヘッド部（**Dボックス**）後から翼テールのリブ間に、リブと同質のハニカムコンポに2Pしたものを2本主翼補強として入れる。入れる間隔は、エルロン取り付け位置とその中間が最も適正であった。これらの接着は、風圧や振動による剥離をなくす為に、全て図（10）のようにクロスをL字形に数枚貼り付け、真空引き接着する（以下**L字真空接着**）。尚、2Pした主翼補強は「真空成型」したものを使用する。

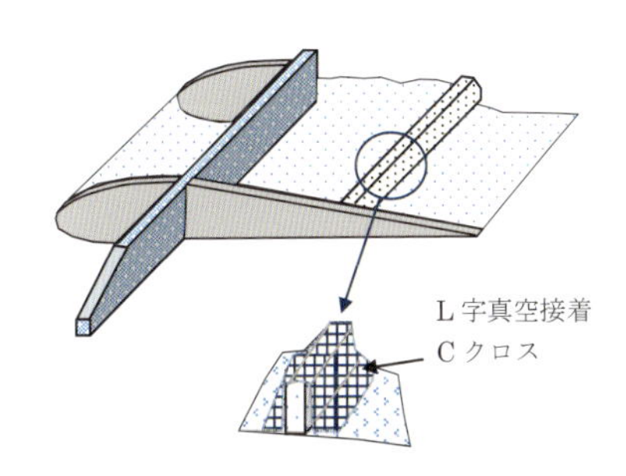

図10　主翼補強

一方、主翼の前後への歪みや上下の捻

写真42　Dボックス真空成型試験

写真43　リブ等のL字真空接着

れを防止する為、木製丸棒にクロスを３Ｐしたものを2リブ間に2本通し、2Ｐで曲面に貼り付け、真空引きし接着（以下、**曲面真空接着**）する。

また桁へのリブ接着も真空引きするが、凸凹で細かい部分の立体真空となるので、真空漏れには注意を要する。「**真空接着**」は真空成型と良く似ているが、接着を主眼にしたもので、成型はしないが同様の手法を取り、平面・Ｌ字・凸凹等の接着を目的とする。

10. 後部胴体（垂直尾翼を含む）の物性試験

後部胴体は前部と同様に、「半円柱」のフレームとストリンガーで補強をする。後部胴体は段々と細くなるので、2種類のうち、細い方を使用する。その為、補強を多く入れなければならず、幅間は狭くなり、尾翼に至る70～90°カーブの補強接合や、真空引きに苦労した。実機と同様のものを作り、図（11）で示す方法で試験する。写真（45）はその様子で、水平尾翼に見立てたバーの1m先に、65Kgの荷重を掛ける。

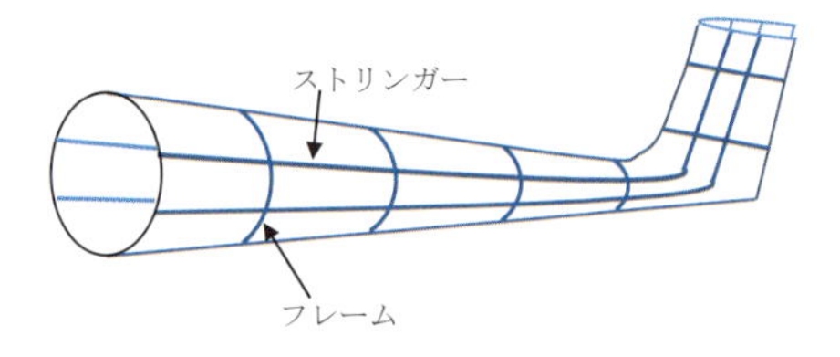

図11　胴体後部

その結果、曲げ・捻れに充分耐えることが分かった。

写真44　垂直尾翼真空成型

写真45　垂直尾翼・胴体後部　捻れ試験

11. 尾翼駆動部品の物性試験

コックピットからの動作を、確実に尾翼に伝達する為に、ロッドとワイヤを使う。特に昇降蛇に使用するプッシュロッドは、3mのものに長さ方向の力を掛けてもたわむことがあってはならないので、軽量化も含めて数々の材料を試験する。図（12-1,2）はその試験の一部で、2mのスパンの中心に荷重2Kgを一昼夜掛けたり、縦方向に40Kgを掛け、たわみ試験をする。その結果、少し重くはなるがアルミパイプにクロスを2Ｐしたものが最も良かった。

一方、ロッドからの力を昇降舵に伝達する為にアクチュエーターが必要になる。これは垂直尾翼内に組み込まれるもので、軽量化は無論のこと捻れやたわみのないことが要求される。設計図から図（13）のような形状のアクチュエーターを作り、衝撃を与えたり、一方を挟み、てこで捻ってみる。その結果写真（47）のような形状が決定された。

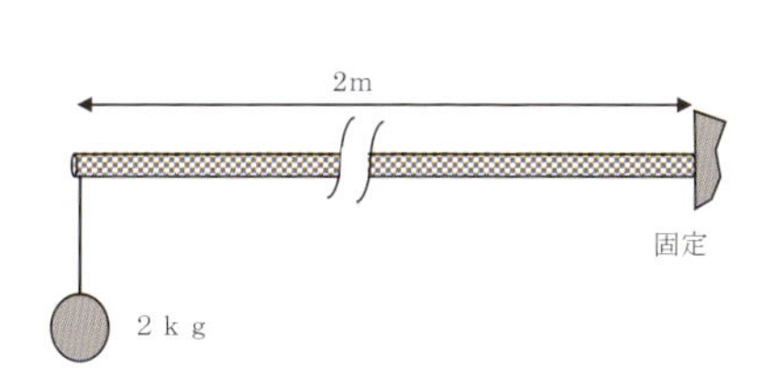

図12-1　プッシュ・プルロッド強度試験

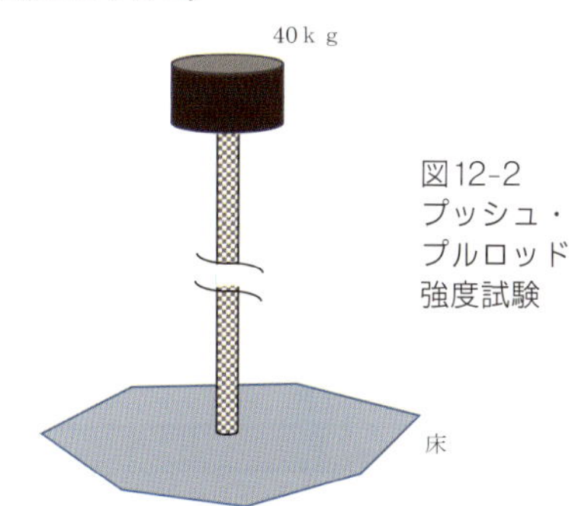

図12-2 プッシュ・プルロッド強度試験

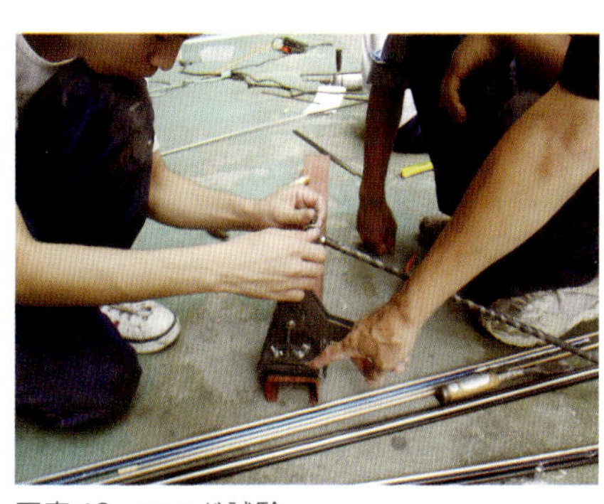
写真46　ロッド試験

写真47　試験合格のアクチュエーター駆動部

12. モータケース・支柱の物性試験

写真48　モータケースと支柱構造

飛行機の中で、極小部に力が集中する所が、この場所である。13Kgのモータを頭に支え、プロペラからの風圧力に耐えられる支柱でなくてはならないが、その為に全体形状がごつくなって風の抵抗が増すようになってはならない。従って軽量化し、抵抗を減らし、前後・左右・上下の荷重に耐え、さらには捻じれを起こさないことが重要になる。このことから図（14）のように、ハニカムコンポをメイン支柱用に左右1枚と、支柱の取り付け部の補強用に1枚ずつ切り出す。これに4段のリブを入れ、それぞれ風を受ける面を鋭角にして、風の抵抗を減らす。また胴体との接合部は支柱にジュラの軸受けを接着し、繰り返しの脱着に耐えられるようにした。一方、モータケースはモータの振動・捻じれ・重量に耐えることと、取り付け易さから写真（48）のような形状と厚さ（クロスのP数）になった。

（三宅・坪井・服部）

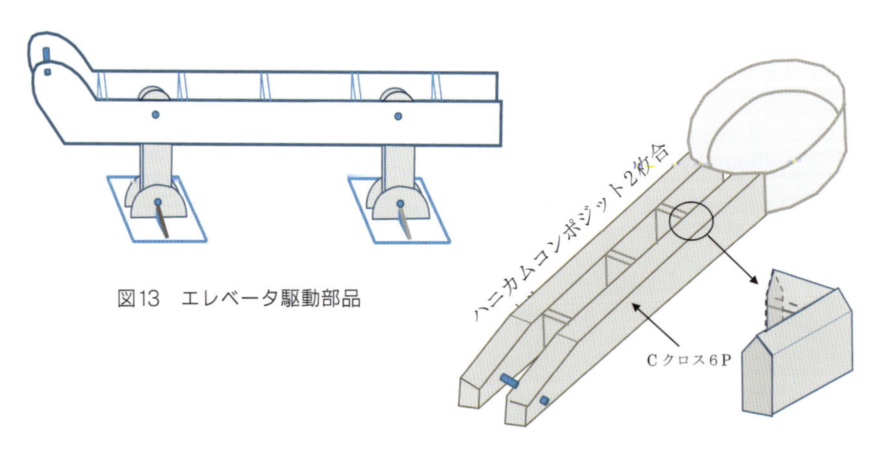

図13　エレベータ駆動部品

図14　モータパイロン

第六章　CFRP成型

1. 胴体前部成型（Cクロス成型の基本）

物性試験から、基本的にはクロス3Ｐでスキンを成型し、フレームとストリンガーで補強し完成とする。

メス型に離型剤（ワックス）をしっかりと擦り込み、ポバール溶液（離型膜を作る）をむらなく刷毛で塗布（二度塗りはしない）する。乾燥後、真空パテを紐状にしてメス型エッジの周囲に貼り付け、その内側に真空ガイド（高硬度不織布）を真空パテで浮かないように押さえ込む。**以下ここまでを「成型前処理」と呼ぶ。**

注意　①ポバールは界面活性剤が入ってはいるが、塗布時にハジキ易いのでむらなく塗る。
②真空ガイドは動き易いのでパテでしっかり押さえる（両面テープでも良い）。

コンパネ（1m×1m）に農ポリをシワなく貼り付け、その上に30×50㎝のクロスを置き、シリコンゴムヘラ（以下**ヘラ**）で樹脂を含浸させる。これをヘラでシワ取りと脱泡を兼ねて、メス型にパッチワーク状に貼り付ける（3Ｐ積層）。メス型全面に張り終えたら、余分な樹脂を取る為、キッチンタオルで軽く（重ねた合わせた部分）拭き取る。この上にタフタを手で貼り、真空用ホースの先に図（15）で示す真空ガイド片を取り付ける。これをエッジの真空パテ紐に取り付け、その上に

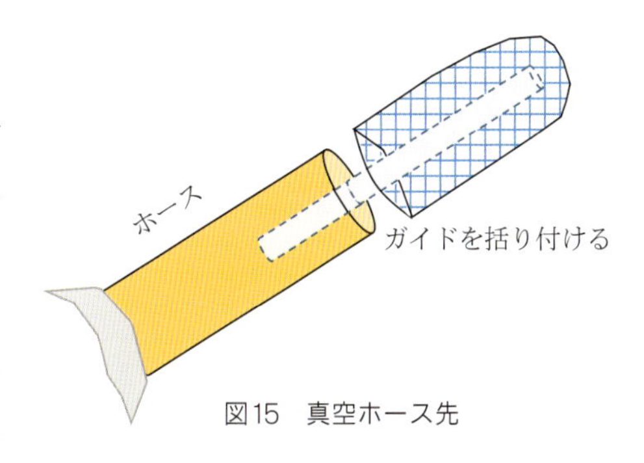

図15　真空ホース先

ゆとりを持たせた農ポリを貼って押さえ付け、真空ポンプを始動させ、一度10トールまで引き、20～30トールで樹脂の硬化まで引き続ける。**以下ここまでを基本的な「真空成型」と呼ぶ**。　加熱温度は60℃で、写真（49）のような温風ヒーターを使用し、写真（50）の炉で成型する。硬化後、タフタを剥がし、部分的に厚みを増やす箇所に必要なプライ数のクロスを貼り、通常の真空成型法で再度成型する。P数を増やす箇所は図（16）で示す部分で、それぞれ強度を必要とする所である。

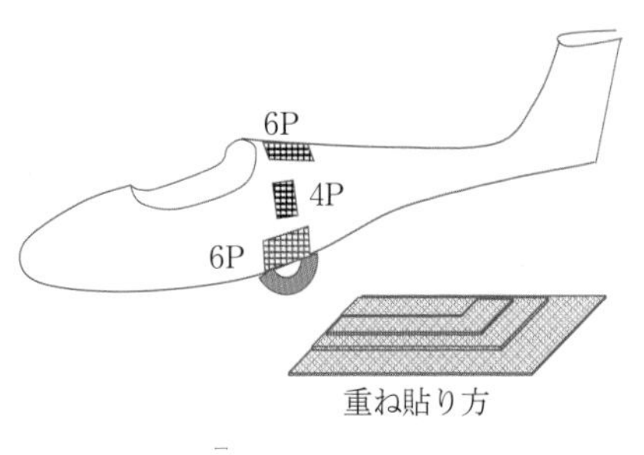

図16　胴体表皮補強

ここでの積層は桁の部分がクロス4PでMGFの入る部分を6pとするが、急に段差を付けないよう1枚目を大きくとり、順に1～2cmと小さくさくして行き、最終的にその枚数と面積になるよう積層する。半円柱を用いて強度試験で得たデータを基に、13本のフレームと片面3本のストリンガーの間隔を決定し、取り付けて補強する。半円柱はファンヒーターやドライヤーで炙り、機体スキン内側の曲面にフィットさせる。フィット出来たものから速硬化性エポキシ樹脂（増粘したもの）を塗布し、ガムテープで押さえ接着させる。接着が完了したらガムテープを剥がし、あらかじめ用意したクロス3Pに樹脂を含浸させ積層する。胴体片半面の積層が出来たらその周りを真空パテ紐で囲い、タフタ・農ポリの順で真空引きする。真空以後は「真空成型」法と同様であり、もう一方の片面も同様に成型する。**以下ここまでを「半円柱補強」と呼ぶ**。

尚、成型上最も大切なエポキシ樹脂について、性質及び使用法について述べる。

熱硬化性樹脂の硬化剤は、多く入れれば硬化が早くなるものばかりではない。この種の樹脂は硬化剤の量が定量されている。配合は企業データのモル比で行うが、0.1g単位の精度で計量し、撹拌を精密に行わなければな

写真49　温風ヒーター

写真50　大型加熱炉内

写真51　胴体Cクロス貼り付け

写真52　中型真空ポンプ

写真53　胴体前部真空成型

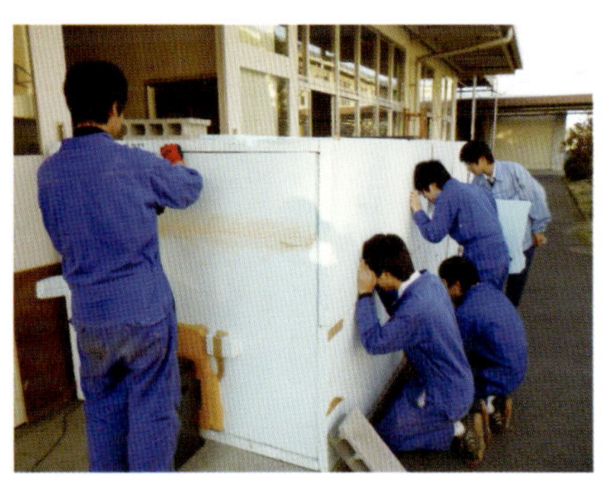
写真54　大型加熱炉成型

らない。ゲル化タイムは500, 80, 15, 5min/23℃の4種類を揃え、気温や作業内容・時間に合わせて選ぶ。また使用内容により、樹脂粘度を増粘剤（**エアロジル**）で細かく調整しながら使用する。尚、500, 80 minはさらにゲル化タイムを調整する為、温湯や冷水で調整し配合する。従って約40通りの樹脂種類を使い分けねばならないことになる。

最初のPEフィルム
最終PEフィルム
追加パテ
真空パテ

図17

注意　①離型剤（ワックス・ポバール）は塗り残し無く、むらにならないよう丁寧に塗布する。
②パッチワークの重ね幅は約20㎜位しっかりとる。
③農ポリは成型箇所に凸凹があるほどシールパテに貼りにくい、従って図（17）のようにパテを積み重ね、農ポリのギャザーを無くする。
④真空漏れは、音を聞きながら、漏れている箇所を突きとめる。
⑤タフタは面積が大きくなるほどシワが入るので、ここでは4〜5ピースに分け貼る。
⑥接着エッジの折り返しの部分は、真空が届きにくいので特に気を付ける。

2. 胴体後部・垂直尾翼成型

胴体後部・垂直尾翼も前部と同様に、物性試験で得られた方法で、「成型前処理」・「真空成型」の順に成型するが、細くなる部分と垂直部分は、かなり手順や成型法が異なる。

クロス3Pで機体スキンが完成後、「半円柱補強」を行うが、図（18）のように、5本のフレームと2〜3本のストリンガーを配置し、補強する。ストリンガーは胴部の太い所（1m奥）まで、3本を等間隔になるよう「半円柱」を用いて補強する。1mから奥は、垂直下部までは細い「半円柱」2本で補強し、フレームは1mまでは太いもの、それ以降は細いものを等間隔に配置し「半円柱補強」する。

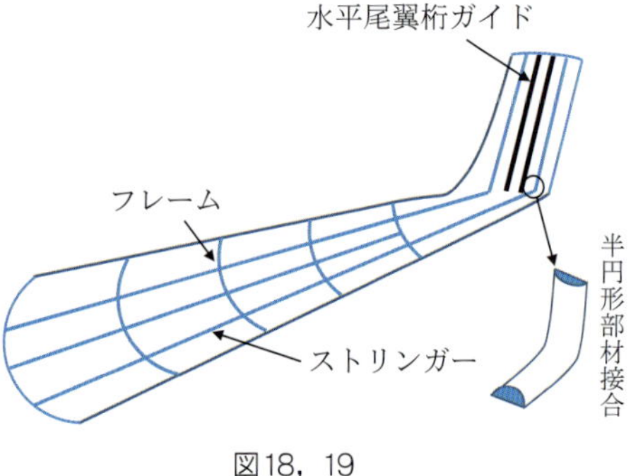

図18，19

垂直尾翼は図（19）に示すよう

に、胴体後部から来た2本の「半円柱」を、そのまま前後15cm寄りに分け、上部まで立ち上げる。一方、水平尾翼取り付け用桁の挿し込み溝を成型する為に、尾翼上下の厚み幅を調整する。これは図（20）のような形状の桁を上から挿し込む為で、図（21）のような形状のHPSFを切り出し、接着後クロス3Pで「半円柱補強」する。桁挿し込みガイド溝は、厚み幅調整をした面に、「半円柱」を半分に切断したものを桁厚の溝幅に取り、断面を合わせるように貼り付け、3Pで「半円柱補強」する。また、方向蛇取り付け桁は後方からはめ込む為、図（22）のような「半円柱」の半割りで受けを貼り付けクロス3Pで「半円柱補強」する。

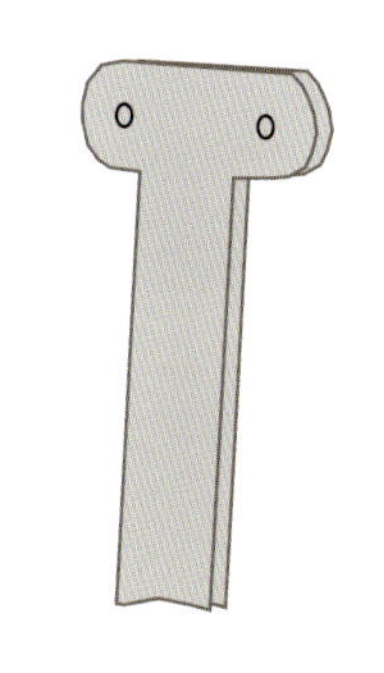

図20　水平尾翼取付桁

図21　水平尾翼上下幅調整板

尚、フレームにあたる外壁は、細いものを4本等間隔に入れ「半円柱補強」するが、既製の炉ではフィットせず、図（23）のような簡易加熱炉（その場・形に応じた移動式炉）を作り成型する。

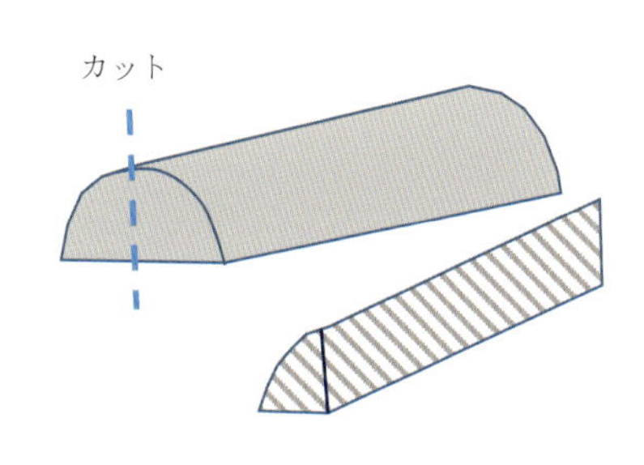

図22　補強部材切断

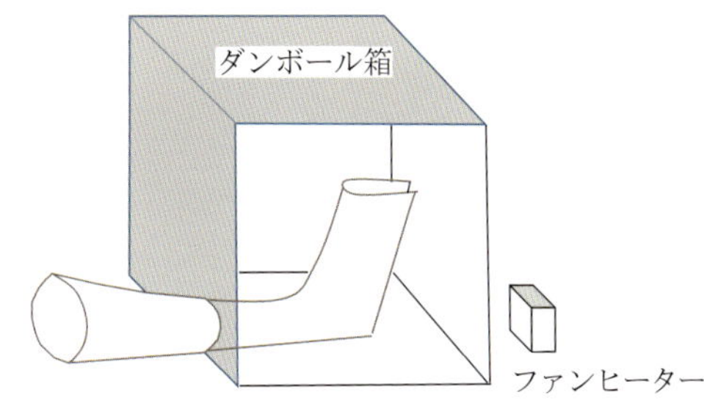

図23　簡易加熱炉

写真55　胴体後部半円柱貼り

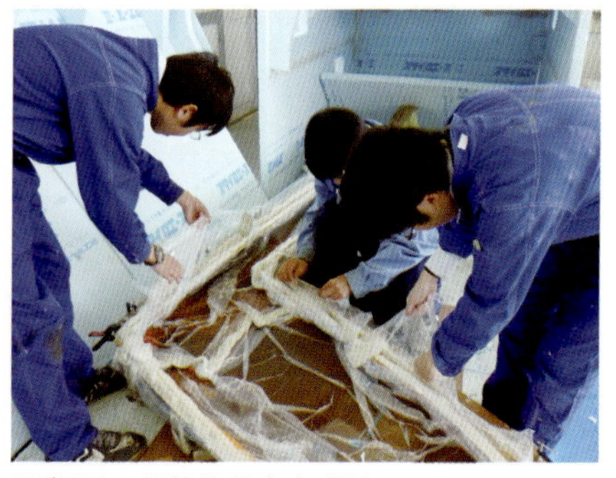
写真56　胴体後部真空成型

注意　①特に垂直尾翼スキンに「半円柱補強」をする場合は、真空を掛けすぎないようにする。（変形を起こし易い）
②その場に応じた炉は段ボール・HPSF板を使用するが、極力熱風が漏れないようフィットさせる。
③垂直尾翼の桁ガイド等は寸法の精度を要する。

3. 胴体接合

胴体前部・後部（垂直尾翼含む）の補強が終わると、離型をした後それぞれ左右を貼りあわせる。

まず前部は接合面に高粘度樹脂を塗布し、硬化後図（24）のように接合面内部をクロス3Ｐで真空接着するが、ここでの真空成型は大きな真空漏れを起こすので、あらかじめ外側の接合部（凹部分）に**自動車用パテ**を塗り込み、面を揃えて漏れを防ぐ。内部の「真空成型」は何回かに分けてする。フレームの接合は全て上下とも接合突起を切り取り、半円柱を貼り付けクロス3Ｐで「真空成型」し左右のフレームと接合させる。写真（57）

後部は細く狭くなる為、写真（58）のように作業穴を開けてから接着させる。前部と同様に真空漏れ対策をし、その後、作業穴から内部をクロス3Ｐで基本的には「真空成型」するが、特に胴体最後部及び垂直尾翼前部の極細部は、真空が出来ない所もあり特殊棒（形に合わせたもの）や**「オハギ」（注参照）**で密着させる。オハギは調理用ラップで包み、それぞれの

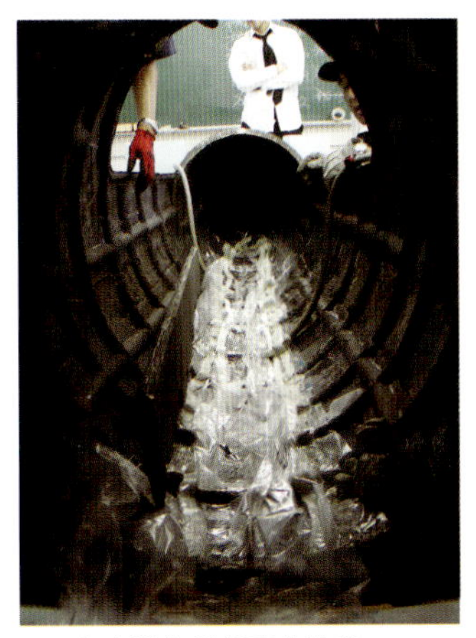
写真57　左右胴体前部真空接着

写真58　胴体の作業口

写真59「オハギ」接着

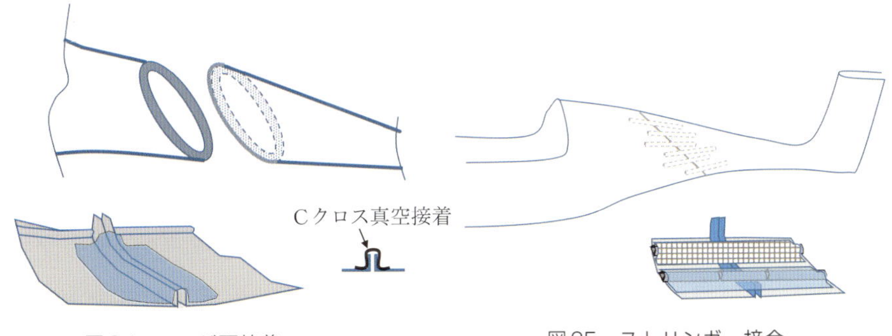

図24　エッジ面接着

図25　ストリンガー接合

形に変形させてあてがい、「真空成型」と同じように真空を掛けるか、スプリングや竹のテコで常に加圧状態にして硬化させる。フレームの接合は前部と同様である。

完成したら、胴体前後を接合させる。接合面を仮合わせし、上下左右に糸を張り、歪みのないことを確認して、樹脂を塗布し接着する。硬化後、外部接合面を自動車用パテで真空漏れ防止し、内部接合面突起をクロス3Pで「真空接着」する。次に図（25）のように6本のストリンガーを連結合させるが、接合面の突起が邪魔になるのでそれぞれ切除する。その後前後のストリンガー全てを接続し、クロス3Pで「半円柱補強」し胴体の補強までが完了する。

注意　①自動車パテは真空漏れのないよう完璧に塗る。（漏れ探しが困難になる）
　　　②フレーム・ストリンガーの繋ぎ合わせは場所的に困難なので、ひとつずつ丁寧に半円柱を連結接着し「半円柱補強」する
　　　③胴体内部の加熱成型炉は既製炉が使用できない為、簡易的に「HPSF］板や段ボール紙で、それぞれの形状に合わし、ファンヒーターやドライヤーで加熱しながら真空成型する。
　　　④細部等のオハギ接着は、写真（59）で示すように熱伝導を良くする為と重量をつける為に、真空パテに銅粉（350メッシュ）を練り込んだもの使用するが、それでも熱が掛かりにくいので硬化には時間を掛ける。

4. 桁成型

物性試験で得た成型法を基本に7mの桁を成型する。長尺のハニカムコンポが出来れば問題はないが、ここでは最大70cmなのでハニカムコンポを図（26）のような形状寸法で切断し、3段重ねで7mものがイギリス積になるように重ね合わせ切断する。これの1段目を定盤上で7m分、長尺方向に接着する。7mが3枚出来たら、1段目と2段目・2段目と3段目の間に、7mのクロスを3Pつ各層に積層し、写真（60）のようなチャンネル上に置き、圧着し「真空成型」する。これを図（27）のように2本作り、檜材が入る部分の切断を含め、設計寸法で切り出す。次に檜材の前処理としてウッドシーラーで2度塗りし、硬化後クロスを6P巻き「真空成型」しておく。これを図（28）で示すように切込みを入れた部分の桁にはめ込み、胴体側から6・5・4Pの3区分に分けて、6.5m分のクロスを巻寿司要領で巻き、チャンネルで挟み圧力を加えて「真空成型」する。成型後、檜側から

写真60　桁成型

写真61　桁用加熱炉

1mまで、クロス1PとLCP繊維2Pの順に巻き付け、さらにクロスを1P巻き付ける。その上に最終クロスとしてUDを寸法変化のない桁の所まで2Pで、変化する先の所までは1Pを図（29）のように貼り付け、写真（61）のような加熱炉で左右から加熱し「真空成型」する。

注意
①ハニカムコンポの切断はダイヤモンド刃の丸鋸で角度付けも含め精密に切断する。
②各段の接着は上下左右とも凸凹のないよう平面・捻れのないようにする。
③三段重ね接着する時、圧着むらや掛け過ぎのないようにする。
④クロスの巻き込みは大きな物は2～3人で樹脂を搾り出すように巻き余分な樹脂をキッチンペーパーで拭き取る。
⑤段差のある部分のクロス巻きは密着度に差が出るので巻き方に工夫をする。

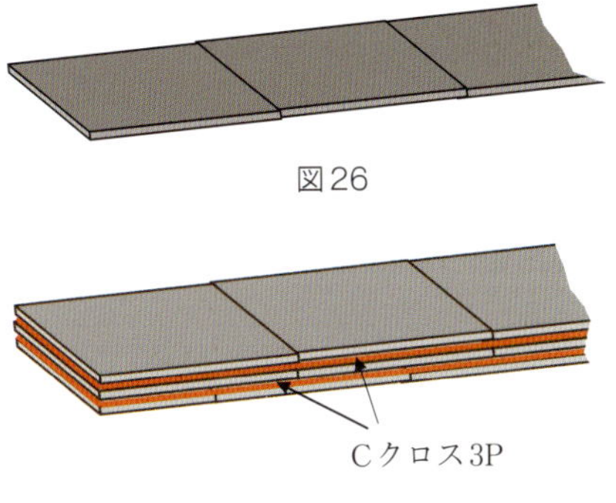

図26

図27　イギリス積

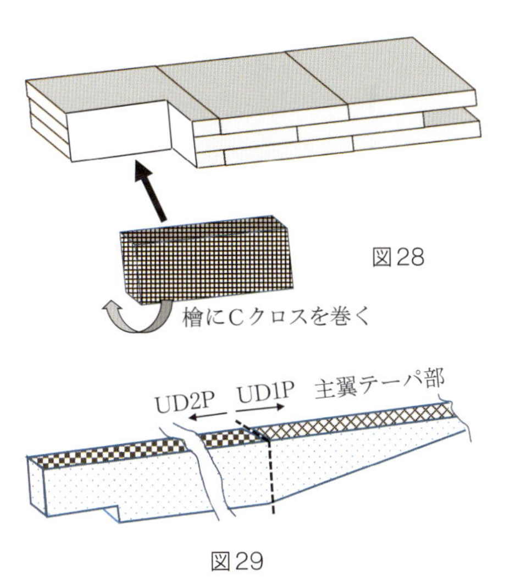

図28

図29

⑥クロスに比べて、LCP繊維の樹脂馴染が遅いのでしっかりと巻く。
⑦加熱炉は細長い為2箇所から温度むらのないように加熱する。

5. 桁ケース成型

2本の桁が出来たら、胴体に取り付ける桁ケースを成型する。2本の桁を図（30）のように合わせるが、土台になるCチャンネルの精度と桁の取り付け合わせが重要である。

両サイド各7mのCチャンネルを置き、水平・直線を確認後、写真（62）のように桁をU字ホルダーで垂直に固定する。次にケース長さを胴体幅より20cm大きく（真空パテ・ガイドの為）とり、トイレットペーパーを成型箇所全面に2回巻き、農ポリを2回巻き付ける。その上にクロス4Pを巻き付け、図（31）のようなその場にあった形状の炉を作り、「真空成型」する。硬化後、左右から桁を外し、桁ケースの原型が出来る。

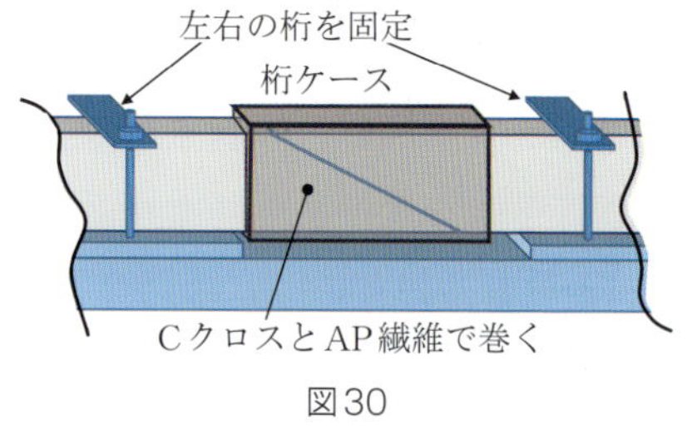

図30

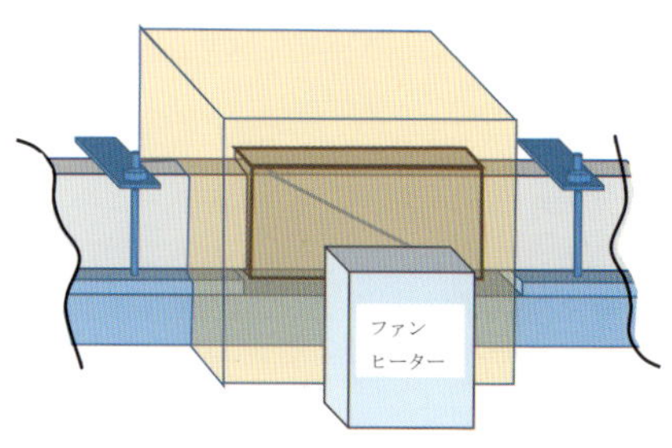

図31

写真62　桁ケース成型の左右桁合わせ

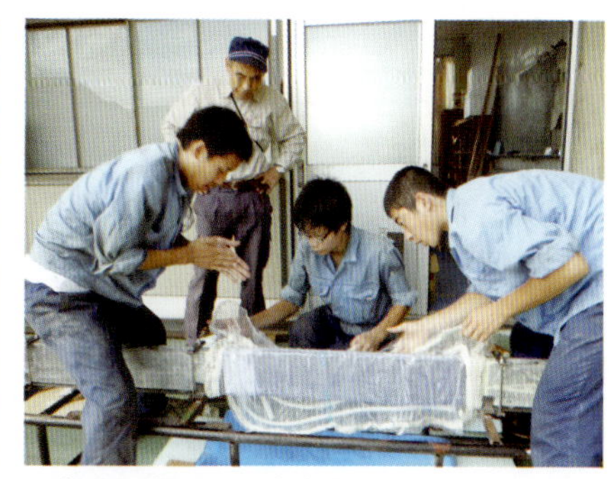
写真63　桁ケース真空成型

その中に石膏を流し込み、真空下でも変形しないようにする。硬化後、クロス10Ｐを巻き付ける。その上に、LCP繊維の平織りを1Ｐ＋クロス1Ｐ＋LCP繊維1Ｐ＋クロス2Ｐの順に巻き付けた後、ケースの上側にUDを1Ｐ下側に2Ｐを巻き付ける。さらにロックピンの所には4Ｐで肉盛りをし、小型炉で「真空成型」する。硬化後、ケース内の石膏を掻き出し、胴体寸法に切断する。

注意　①ペーパー・農ポリ巻き数に気を付ける。（増えると、桁との隙間が拡大する）
②石膏を流し込む時、ケース原型外面を汚さないようにする。
③本格積層時には外面を丁寧に研磨・脱脂する。
④芯に石膏がある為、加熱に通常の2倍の時間を必要とする。

6. 主翼スキン成型

写真（64）のように、胴体から寸法変化のない直線主翼部（3.5mスキン）の成型をする。

メス型の前部に当たるＤボックスの上型合わせ部分と、同型後部の上型合わせ部分にシリコンコーキング剤を塗り付け（真空漏れを防止）、ボルトで接合する。内部のハミ出し部分は丁寧に拭き取っておく。メス型を**45°**に傾斜させ全ての面（後縁の成型の為）に、離型剤→接合部パテ（面を揃える）→ポバールの順に「成型前処理」をする。次に数ピースに切り出したクロスに樹脂を含浸させ、Ｄボックスを3Ｐ、その他は2Ｐで積層し「真空成型」を行う。この時、上部のメス型は真空の際に少し変形し易いので、クロスを貼り付けた後、その上に2個のアジャスターを入れ、寸法変化のないようにする。図（32）のように底部のクロスの長さは全面の成型でなく、ソーラー取り付け桁までの成型とする。出来たスキンは7枚のリブ間の中間に来るように、Ｄボックスのみに

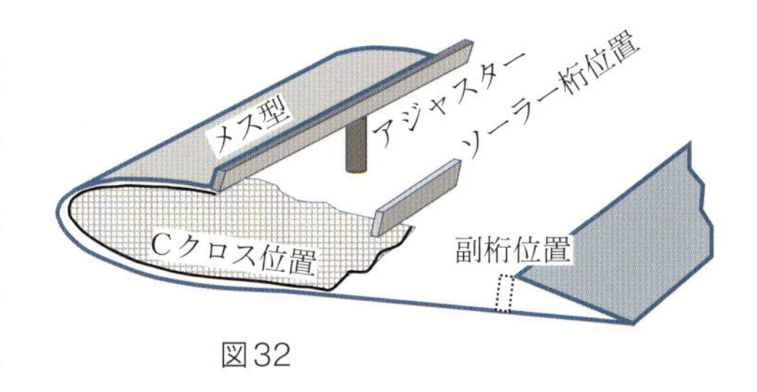

図32

写真64　主翼スキン二分割成型

写真65　主翼補強桁とDボックスリブ挿入

6本の「半円柱補強」をする。離型はせずにそのままの状態で、次の主翼後縁の成型を待つ。

主翼後縁は既に型もセットされ「成型前処理」もしてあるので、ポバールの剥げた部分のみ塗り直す。クロスはソーラー桁から成型を終えた主翼前部（重ねる部分のタフタを剥がす）と重なるように切り出し、2Pで**45°**に傾け「真空成型」する。勿論、「半円柱補強」も前部と同様で、7枚のリブ間の中間に6本補強する。これを左右1セットずつ成型する。

主翼先（2.5m傾斜と先細り）の成型は可動するエルロンが入って来るが、基本的に前述の直線主翼と全く同様である。Dボックス上型合わせ部と、後部エルロン上型合わせ部に、シリコンコーキング剤の塗布から始める。「成型前処理」後、クロスをDボックスからエルロン桁の所までと、後縁からエルロン桁の前部重ね合わせまでを採寸カットし、2回に分けて「真空成型」（クロス枚数も同様）をアジャスタを使い行う。ここでも離型はせずそのままにしておき、後縁の成型の際に同時真空接着する。主翼桁からエルロン桁までの翼上面はソーラがないので空白とし、後からスキンを貼り付ける方式（内部接着の為）を採る。

主翼先の後縁であるエルロンスキンの成型は、エルロン桁幅で全面の成型を上記と同様に行う。これをエルロン幅・長さに切断しエルロン成型に用いる。

尚、直線主翼と主翼先の接着は全て成型後「真空接着」する。

注意 ①上下の型合わせの際、真空漏れの無いようにシリコンコーキングし、ボルトで締め付ける。

②アジャスタ-はクロス上に置くので、樹脂と接着されないようにPEフィルムで覆う。

③大きな真空成型なので真空ポンプは2基で引き、農ポリはゆとりを作って完璧に圧着出来るよにうする。

④HPSFの半円柱はファンヒーターとドライヤーで炙り、Dボックスに沿うように曲げる。

⑤主翼後縁の最後部は非常に狭く鋭角になっているので、クロスの積層の際は専用のヘラを作り、全面にフィットするようにする。

⑥エルロンスキンの切断は、そのままを使用するので失敗は許されず、正確さを要求される。

7. 主翼組立

前準備として、胴体側の主翼スキンと主翼先のスキンを、メス型で仮接着後「真空接着」する。接着後、リブ用のハニカムコンポ（両面１Ｐ増加）を、設計寸法に全て切り出す。
桁接着面をリブ角度冶具（角度調整用）で罫書き、削って角度付けをして置く。これらのリブをそれぞれＤボックス内の位置に配置し、カーブ面をサンドペーパーで約0.7mm削り取る。図（33）の展開図のように、このリブ2枚（胴体から2枚目まで）に主翼上下捻れ防止棒用の穴を開ける。次にＤボックス内側の全面に農ポリを貼り付け、これに幅12cm、Ｄリブ周囲の長さに切り出したクロス2

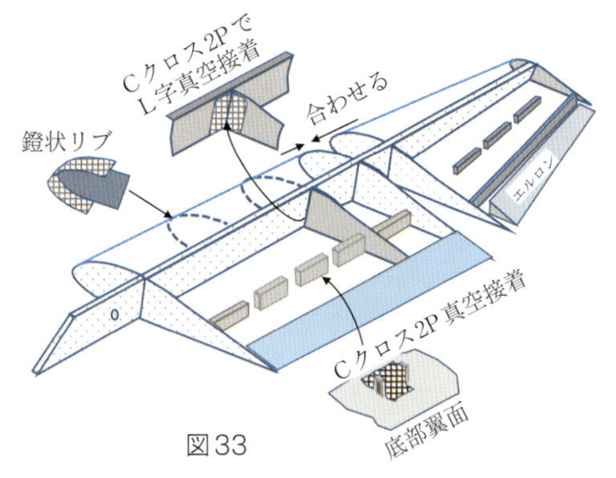

図33

Pを樹脂含浸させて貼り付け、一度に全面を「真空成型」する。硬化後、タフタは剥がしそのままの状態にしておき、リブのDボックスが当たる面（切断した紙の面）に増粘した樹脂を塗り、それぞれのリブを押し付け仮接着する。硬化後一旦離型し、全てをクロス2Pで曲面を「L字真空接着」させ、この**鐙（あぶみ）状**リブを再びDボックス内側にあてがう。このリブに桁を当てて桁角度を調整する。調整には冶具を用い、**レーザ光線**で正確に**1.7°**の角度を出す。角度調整が出来たら図（34）のように、全リブの桁接着面となる垂直面にそれぞれ増粘樹脂を塗り、角度を補正しながら桁を押し付け、仮接着する。硬化後一旦Dボックスから離し、仮接着した桁との部分をクロス3Pで「L字真空接着」する。捻れ防止棒を挿し込み、クロス3Pで曲面「L字真空接着」する。最後に鐙状CFRP面に増粘樹脂を塗布し、強力な力で桁ごと圧着させる。このような成型法を我々は「**ハメコミ圧着**」と呼んでいる。

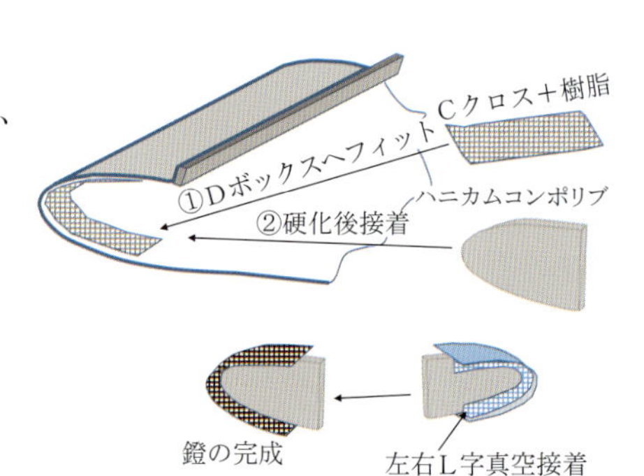

図34　桁前縁側リブ

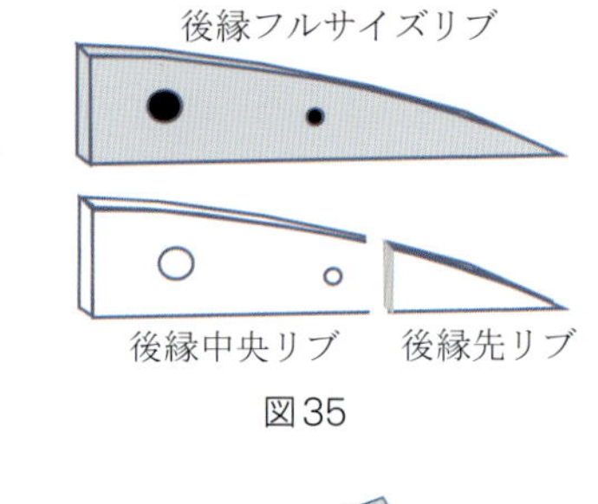

図35

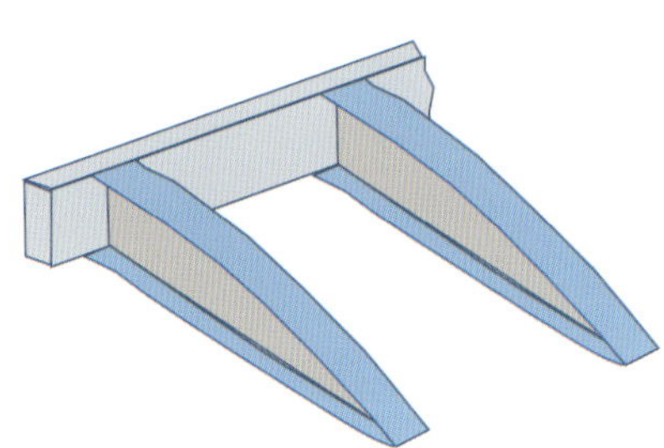
図36　桁後縁側リブ

後縁は図（35）のようにリブを切り出し、Dボックスと同様に後縁先細部へ差し込む部分のリブを0.7mm削り取る。このリブにエルロン位置までエルロンロッド用の穴を開け、前後歪み防止棒用の穴を開ける（胴体から2枚目まで）。用意が出来たら図（36）のようにDボックスと同様の作業（農ポリ→12cm幅のクロス貼り→「真空成型」→タフタ剥がし）をし、リブ上に増粘樹脂を塗り、斜めにしてはめ込み所定の場所で仮接着する。硬化後一旦抜き取り、農ポリを剥がし、後縁桁に「L字真空接着」する。接着後、その表面に増粘樹脂を塗布して、再度後縁に挿し込み「ハメコミ圧着」する。エルロンの部分はエルロン取り付け桁までとし、主翼先の両端にはフルサイズのリブを取り付ける。以下、前述同様に成型する。

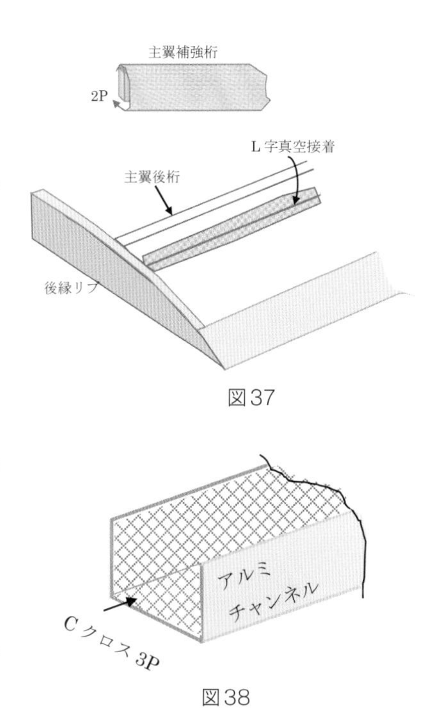

図37

図38

主桁・リブが取り付けられたら、主桁と後縁リブ・スキンの接触部分をクロス3Pで「L字真空接着」する。次にリブとスキンの接合部分を2Pで「L字真空接着」し、図（37）のようにハニカムコンポ1枚に2Pで「真空成型」したものを、主翼ストリンガー用桁とエルロン取り付け桁とし、2Pで「L字真空接着」する。

捻れ・歪み防止棒はそれぞれリブの前後に1本ずつ通し、両穴の周囲を曲面「L字真空接着」する。主翼先端にはウイングレット用ソケットの穴を二箇所開け、クロス3Pの丸パイプを取り付け穴の周囲を2Pで曲面「L字真空接着」する。

ソーラー受け枠の接着は、リブの両側にする。図（38）のようにアルミのC形チャンネルをメス型とし、クロス3Pで成型する。これを縦方向に二等分し、それぞれの長さに切断する。これをリブのカーブに沿って、逆L形状（伏せる）に両側とも接着する。さらにはエルロン取り付けの為に、ヒンジ枕（ヒンジ角度調整）をハニカムコンポ2枚接着したものから削り成型する。これをクロス2Pで「真空成型」し、ヒンジ位置2箇所に「真空接着」する。

写真66　Dボックス用鐙形リブ

写真67　主桁の角度調整

写真68　桁に鐙形リブと捻れ防止パイプ接着

写真69　リブ、主翼補強桁と捻れ防止丸棒・ロッド

注意　①リブをジグソーやホールソーで切断する際、振動によるハニカムコンポの剥がれに気をつける。
②Dリブを押し付け接着する時、捻れないようにする。
③リブの押し付け接着後「L字真空接着」するが、変形しないように真空度を調節する。
④リブと桁の接着は冶具を使い、桁角度を正確に採り、桁自体も捻じれの無いようにする。
⑤「ハメコミ圧着」は桁が長尺である為、捻れないようしっかりと圧着する。
⑥ソーラー受け枠はリブの接着面に切れ目をいれ、リブのカーブに沿うようフィットさせる。
⑦主翼ストリンガー桁はリブ間の長さで切断したものを使用し、エルロン取り付け桁は一本通しのものを使用する。
⑧エルロンヒンジ枕は仮止めした後、クロスで「真空接着」する。

8. エルロン成型

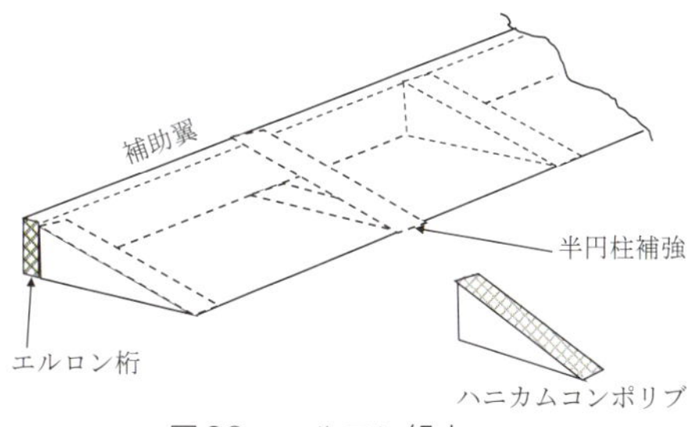

図39　エルロン組立

主翼先の成型が完了後、エルロンスキンを設計寸法に採寸カットする。

カットしたエルロンスキンをメス型に入れ、5本のリブの中間になるように3本の半円柱を貼り、「半円柱補強」をしておく。リブは内側の形状に合わせて、ハニカムコンポで計10枚（片方5枚）を切り出し、2枚（左右で計4枚）は両端に内外側ともクロス2Ｐで「L字真空接着」する。前述の「主翼組立」と同様にリブのカーブ面を約0.7mmペーパーで削っておき、エルロン桁はハニカムコンポで横尺方向の寸法を採り、クロス2Ｐで「真空成型」しておく。

エルロン組立は、図（39）の展開のように、基本的には「主翼組立」と同様である。エルロンスキンをメス型に挿し込み、スキンの内側のリブ位置に印をし、農ポリを貼る（剥がれないように）。その位置に幅4cmのクロスに樹脂含浸したものを貼り、「真空成型」する。成型後はタフタだけを剥がし、3つともリブの紙の剥き出し面に樹脂（増粘した）を塗り、挿し込み、仮接着する。同様に桁も仮接着し、硬化後桁ごと抜き取り、全ての接着部分をクロス2Ｐで「L字真空接着」する。これが完了したらリブと一体になった4cm幅のCFRPに増粘した樹脂を全面に塗布し、再び桁ごと

写真70　エルロンスキン補修

写真71　エルロンの構造

スキンへ押し付け「ハメコミ圧着」させる。最後に両端のリブを桁に、さらには桁とスキンとを「L字真空接着」させ完成させる。

注意　①エルロンスキンの先は極端に細いので、4cm幅のクロスはヘラ状の治具を作り、丁寧に挿し込み密着させる。
②「L字真空接着」の際、4cm幅のクロスが変形しないよう真空度に気をつける。

9. 水平尾翼成型

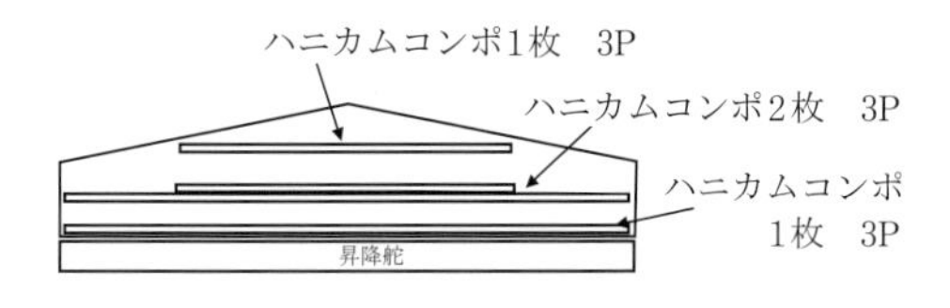

図40　水平尾翼成型

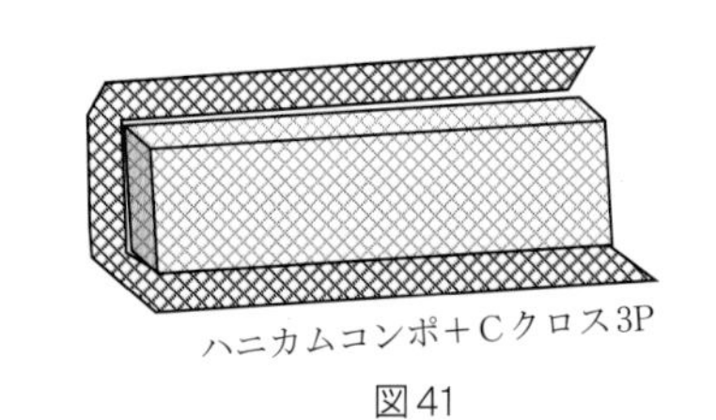

図41

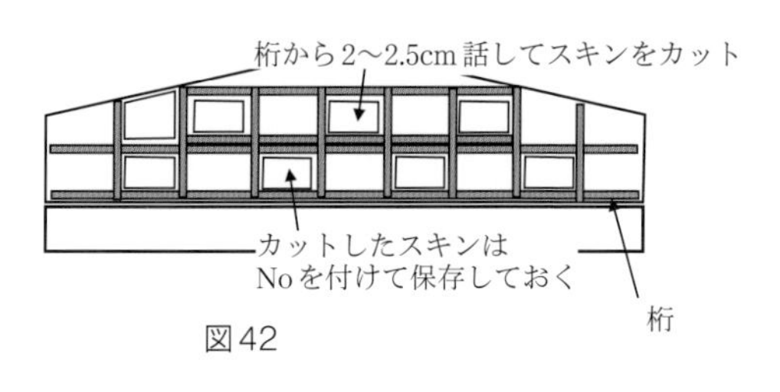

図42

水平尾翼の形状は上下左右がシンメトリなので1つのメス型で成型する。

クロス3Pで、上下用2枚を「真空成型」する。昇降舵部分を切断後、下部スキンに対し、図（40）のように桁で補強する。横桁は上下の寸法を精密に取り、図（41）のような形のハニカムコンポ1枚にクロス3Pでそれぞれ「真空成型」したものを使用し、中心の主桁は強度が掛かるので2枚に貼り合わせる。この桁はスキンに対して7°の角度を取り、仮接着後、クロス2Pで「L字真空接着」する。次に昇降舵を動かす為の桁も、同様に2Pで「L字真空接着」する。3本の横桁が取り付けられたら、横桁と同様に精密な桁を縦方向に6本（中心部）、前部に4本を入れ全て「L字真空接着」する。**問題は上部スキンの接合である**。本来ならば「ハメコミ圧着」で済むのであるが、取り付け部の加工や強度の関係から面倒ではあるがあえて次の方法にする。図（42）のようにそれぞれの桁の位置をあらかじめスキンの裏表に印して置き、裏には桁から内側に

写真72　水平尾翼上貼り作業と作業口

写真73　水平尾翼の作業口塞ぎ

2.5cmカットする作業穴の大きさを印す。その印が中心に来るように、全てに4cm幅の農ポリを貼り、カット線の中心に来るように、2cm幅のクロス2Pでオハギを押し付け硬化させる。ここまでは再び作業穴を塞ぐ際の**蓋受け**の製作手順であって、離型後は作業口スキンを丁寧（後で蓋として使用）に切り取る。その後、水平尾翼の取り付け金具を、中心桁に加工し装着する。加工が全て終わったら、カットした所へ先程の完成した2cm幅のCFRPを樹脂で接着し、上部スキンと桁をクロス2Pで「L字オハギ接着」する。硬化後、切り取ったスキンをそれぞれにはめ込み、樹脂で接着して作業穴を塞ぐ。パテで隙間を埋め、#400で凸凹がないように研磨仕上げをする。

注意　①桁の角度**7°**は冶具を使用し精度を出す。
②上部スキンの作業穴の切断は雑な切断面にならぬよう高精度を要する。
③蓋受けの幅は最低でも4mmが望ましい。
④ここでの「L字オハギ接着」は下から上に押し付ける格好になるので、縦横を上手く傾けて使い、恒にオハギの荷重が掛かるようにする。
⑤上蓋の接着やパテ塗りは表面全体を見ながら凸凹のないようにする。

10. 垂直尾翼の桁成型

写真74　垂直尾翼３種類の桁模型

垂直尾翼の桁は3本あり、全て水平尾翼の取り付けや作動部分に関連し、補強も兼ねている。強度試験の結果から、1本目は図（43）のように尾翼の前部にあり、水平尾翼のロックピンを差し込む桁である。図（44）で示す通り、三角形と長方形のハニカムコンポをはめ込む形（小さ目）に切り出し、鍵の手に接着する。硬化後、クロス3ＰでＬ字の「真空成型」する。2本目は水平尾翼を強度的に支える主桁で、2本のピンを差し込む形にしている。図（45）のように差込み部分の桁として、設計寸法でハニカムコンポ2枚を切り出し、間にクロス3Ｐを挟み、3Ｐのクロスで巻き「真空成型」する。主桁ヘッドは、図（46）のように鉄板を**160°**に曲げ、設計寸法の形状で18mmのコンパネから木枠を切り出し、鉄板に貼り付ける。これに「成型前処理」してクロス20Ｐで積層し、周囲の縁を5Ｐで5mm

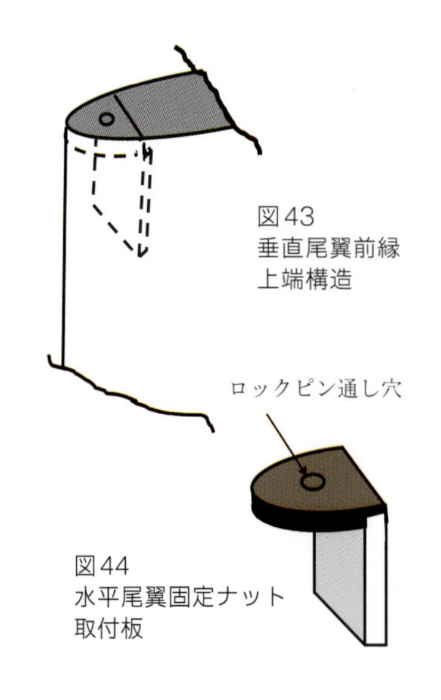

図43
垂直尾翼前縁
上端構造

図44
水平尾翼固定ナット
取付板

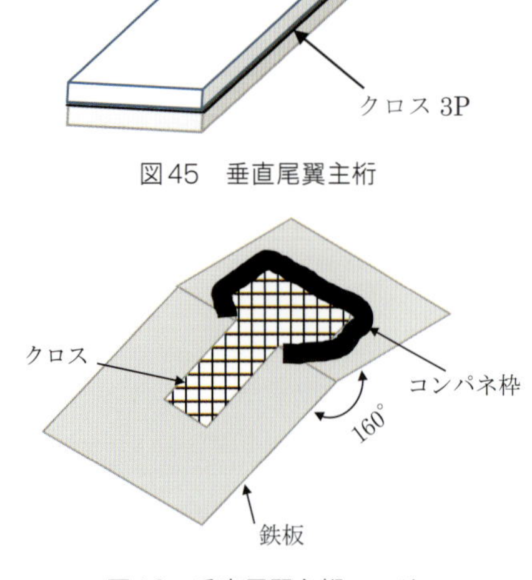

図45　垂直尾翼主桁

図46　垂直尾翼主桁ヘッド

盛り上げ、「真空成型」する。3本目は方向蛇（ラダー）を取り付ける桁で、設計寸法より幅1mm小さくしたハニカムコンポを切り出す。これにクロス3Ｐを巻き「真空成型」した後、方向蛇用のヒンジ2個を、設計寸法の位置に「真空接着」させる。これら3本の桁は全て可能な限り、平面・Ｌ字は「真空接着」する。

注意　①桁の接着は前部の三角Ｌ字から始め、順序を間違えないようにする。
　　　②手が入らない所が多いので、それぞれ特殊な工具やオハギを工夫し密着さる。

11. 方向蛇成型

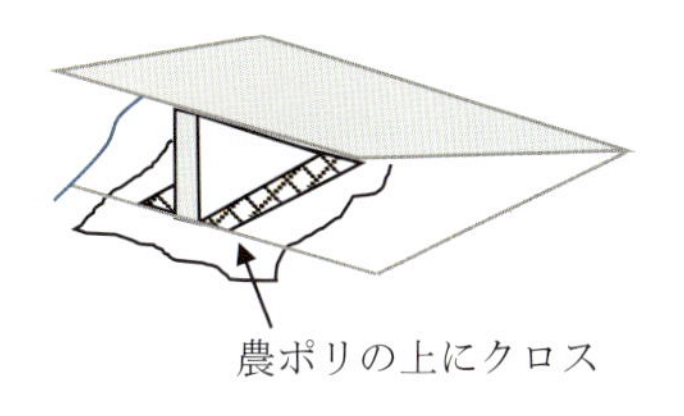

図47　方向舵リブ成型

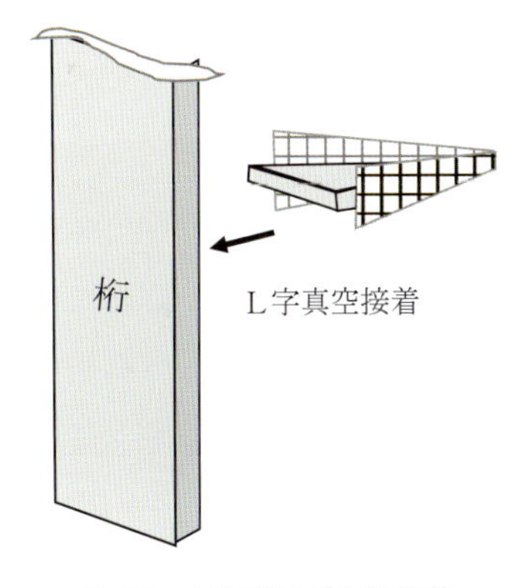

図48　方向舵リブと桁接着

左右二つのメス型に、同じクロス数と補強をし、「真空成型」する。

先ずメス型に「真空成型」の手順に従って、クロス3Ｐで左右のスキンを成型する。出来た左右のスキンの合わせ面に、樹脂を塗り接着する。この接着面の内側全面を2Ｐで「オハギ接着」し、リブ位置の中間に来るように3本の「半円柱補強」をする。次に「主翼成型」と同様の方法で、4本のリブとスキンを接着する為に、それぞれ図（47）のようにスキンの内面側に農ポリを貼り、幅12cmの樹脂含浸したクロス2Ｐを片面ずつそれぞれ貼り付け、「真空成型」する。成型後、それぞれリブを仮接着し、硬化後離型する。これらのリブを、主翼の鐙形状と同様に「Ｌ字真空接着」する。完成後は図（48）のように方向蛇桁と全リブを接着し、クロス2Ｐで「Ｌ字真空接着」する。この出来た桁のリブのCFRP面に樹脂を塗り、スキンに「ハメコミ圧着」させる。硬化後、桁とスキンを2Pで「オハギ接着」し、方向蛇の回転用ヒンジ2個を、設計寸法の位置に仮接着する。最後に、2個のヒンジ位置を確認して、「真空接着」する。

注意　①「オハギ接着」は非常に狭く先細りの形状なので、手が入らない部分は特殊な治具やヘラを作り丁寧に接着させる。
②ヒンジは垂直尾翼と対なので互いを合わせて位置決めを正確にする。

12. モータケース・支柱・支柱受け成型

モータケース・支柱の寸法はモータ・プロペラの大きさから割り出した。

ケースは図（49）のように木製でメス型を作った。寸法はモータの形状から採り、抜き勾配2°にする。ウッドシーラーで吸い止め加工を2回塗りし、#800で研磨する。「成型前処理」をし、サイドをクロス25P・底を18Pで「真空成型」する。

支柱はハニカムコンポを図（50）ように、大を2枚、下部補強用の小を2枚、ねじれ防止用リブを4枚採寸カットし、大に樹脂含浸したクロス3Pを両面に貼り、下部補強を内側面にあてがう。これを一組として、全体を8Pで左右2本とも「真空成型」する。この支柱はリブ4枚によって接合されるが、4枚ともクロス3Pで巻き、「真空成型」したものを使用する。これらを組み立て、仮接着し、それぞれ接着箇所をクロス3Pで、「L字真空接着」する。最後に、モータケースを図（51）のように、支柱の内側に差込みクロス6Pで巻き、「真空接着」する。尚、支柱は風の抵抗を減らす為に、風当たり面の全てを鋭角にカットした（図14参照）。また、モータの取り付け位置等の穴あけはフライス盤で精密に加工する。支柱受けは写真（75）のようにモータを載せた支柱と機体が接続される最も重要な所である。あらかじめ木製でメス型を作り、表面処理をした

写真75　モーター支柱受

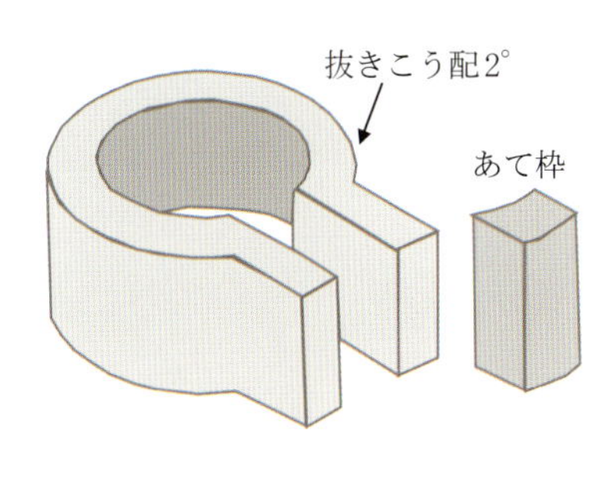

図49　モーターケース木型

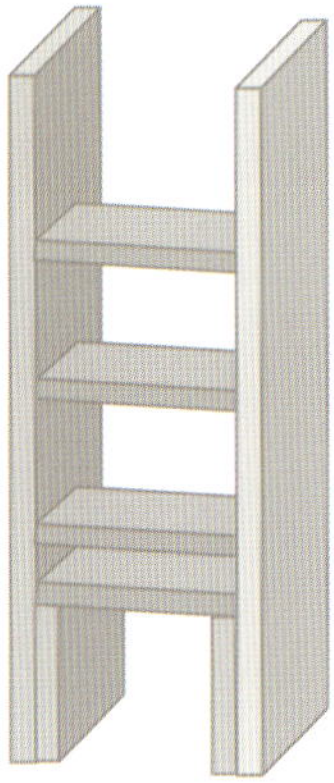

図50　モーター支柱組立

図51　モーターケースと支柱接着

後20 Pで「真空成型」する。離型後桁ケースにはめ、位置決めをし、仮接着する。その後4 Pで「真空接着」する。

注意　①これら「真空成型」はいずれも凸凹が激しい為、真空が行き渡るように工夫をすることと、接着する箇所はしっかりと脱脂・研磨を行う。
②特にモータケースと支柱の接合は精密に行い、クロスの巻き付け・「真空接着」は慎重を要する。
③胴体との取り付け金具・支持台金具は捻じれのないように精密に取り付ける。

13. 座席シート成型

元々の原型作成は、ゴーカートのシートをメス型として利用する。

原型はシート幅・背中の長さ・膝の長さが狭く、さらには真空パテ・ガイド幅等もないので、石膏で抜き勾配を配慮しながら肉盛りし、原型とす

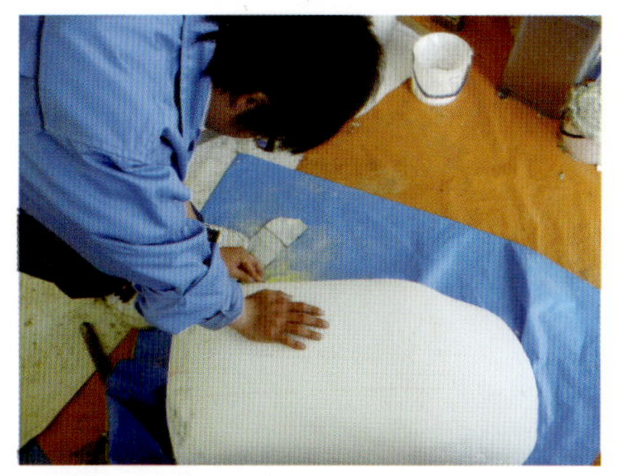
写真76　座席用石膏オス型

写真77　座席裏補強と固定装置

る。材質がABS樹脂製なので、石膏の部分だけ乾燥後、ウッドシーラー（ウレタン系樹脂）を塗布し、吸い止め加工する。カリ石鹸を石膏部に刷毛塗りし、周囲をダンボール紙で囲み、油粘土で漏れ止めをする。その中に石膏の厚さが約1.5cmになるよう流し込み、ほぼ硬化した時を見計らって、再度同量の石膏にガラス繊維（強度補強）を混ぜ流し込む。完全に硬化させた後、しっかり乾燥させ離型しオス型とする。これに前述の吸い止め加工を２度塗りし、硬化後Ｃクロスを積層する為の離型剤を擦り込み、以下「成型前処理」・「真空成型」（クロスは5Ｐ）の順に成型する。シートは離型させず、タフタのみ剥がし、その上に3Ｐで「半円柱補強」をし、硬化後離型する。（真空ポンプは中型）

注意　①吸い止め加工前の石膏メス型は良く乾燥させるが、過乾燥にならないようにする。
②カリ石鹸の塗布は2度塗り以上とし、正確に塗り落しの無いようにする。
③硬化した石膏の上に重ねて石膏を流し込む時期は、最初の石膏が半硬化時が望ましい。
④「半円柱補強」の際、3Ｄ曲線が多いが、丁寧に炙り曲げフィットさせる。
⑤凸凹が多く激しい「半円柱補強」になるが、農ポリを上手に使用し真空が行き渡るようにする。

14. 方向舵ペダル・操縦桿・自在ボックス成型

ペダルと自在ボックスはジュラ製と同寸法でクロス単品成型し、操縦桿はアルミパイプにクロスを巻きつけ、「真空成型」する。

ペダルのメス型は図（52）のように、厚さ15mmのコンパネを2°の抜き勾配でくり抜き、ウッドシーラで吸い止め加工する。「成型前処理」後、同コンパネの上に置き、クロス15 Pで積層する。同時にその一部の10 Pを、周囲に高さ10mmまで立ち上げ（捻じれ・曲げ補強の為)、「真空成型」する。離型後、写真（78）のように、軽量化の為の穴とラダーワイヤ取り付け穴を加工する。

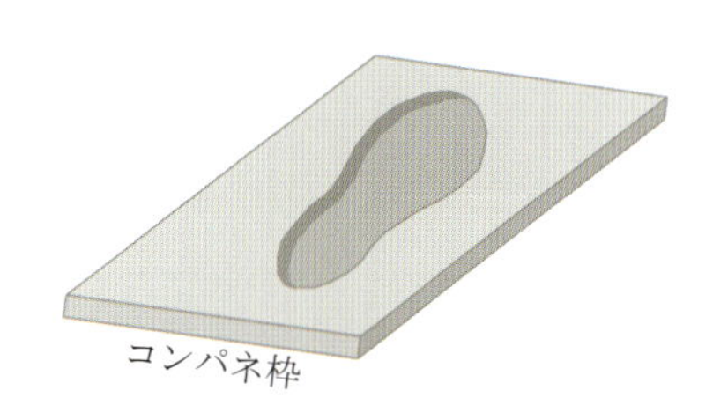

図52　方向舵ペダル

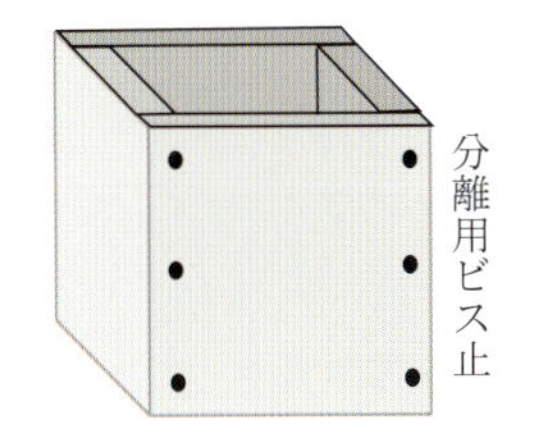

図53　自在ボックスメス木型

自在ボックスは、設計寸法から図（53）のような木製のメス型を作り、ウッドシーラーで吸い止め加工した後、「成型前処理」をし、クロス14 Pで型の内側に「真空成型」する。離型後、罫書をして操縦桿シャフトが通り、ベアリングボックスへ繋がる穴をドリルで開ける（左右)。もう一方の面には、昇降舵（上下）用の穴を同様に開ける。ベアリングボックスは、クランクと同様な方法で成型したも

写真78　方向蛇ペダル

写真79　操縦桿と自在ボックス接合

のを、穴あけした位置に「真空接着」する。尚、操縦桿はアルミパイプにサフェーサーで処理した後、クロス3Pで「真空接着」する。

操縦桿は写真（79）のように、自在ボックスと接合され、最下部にはエルロン用クランクと連結する為のCFRP製の端子を取り付ける。

注意　①自在ボックスの木製メス型は、厚手の単板を使用するので、しっかり乾燥して吸い止め加工する。
②出来上がったCFRP自在ボックスの罫書きは、精度を要するので慎重に行う。

15. クランクとロッドとステーの成型

クランクは大きく分けてストレートとベルクランクの2種9本を成型し、プッシュロッドは、アルミパイプにクロスを巻きつけたものを長さ別に12本成型する。どのクランクもほぼ同様の成型手順なので、ここでは2種の2例を挙げて説明する。

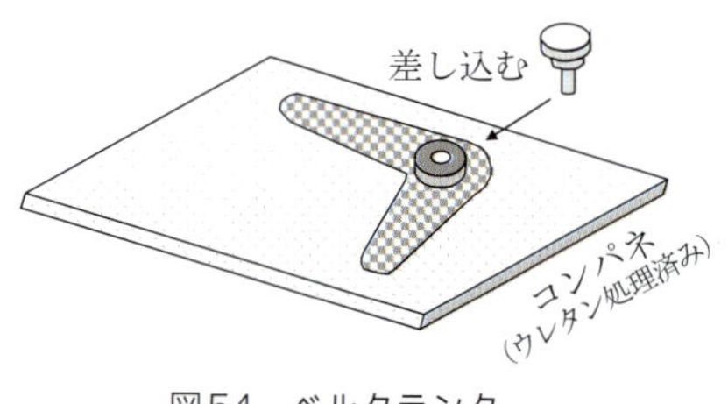

図54　ベルクランク

基本は、コンパネに軸受け金型用の受けの穴を開け、そのコンパネ表面を吸い止め加工（2度塗り）し、研磨する。（下敷きの農ポリは使用せず）その後「成型前処理」をし、「真空成型」する。

例（1）、ベルクランク（軸受1個）、図（54）のように処理されたコンパネに金型受けをハメ込み、クロスは設計寸法より全体を15mm大きくした8P分を切り出す。これを最大3枚重ねてミシンで縫い（周囲の解れ防止）、紙型原型を置き、軸受け穴をパンチングで開ける。これらに樹脂を含浸させ、コンパネの金型受け穴に合わせ、上から金型本体を被せる。次に金型本体へ、樹脂含浸させたクロスを3～4P巻き付け、立体化（袋状）した農ポリで「真空成型」する。もう1枚は軸受け金型を使用せず、クロス大きさもP数も同様で「真空成型」する。どちらも離型後、軸受けを入れ実寸法で切り出し、図（55）のように軸受けにシャフトを指し込み寸法を

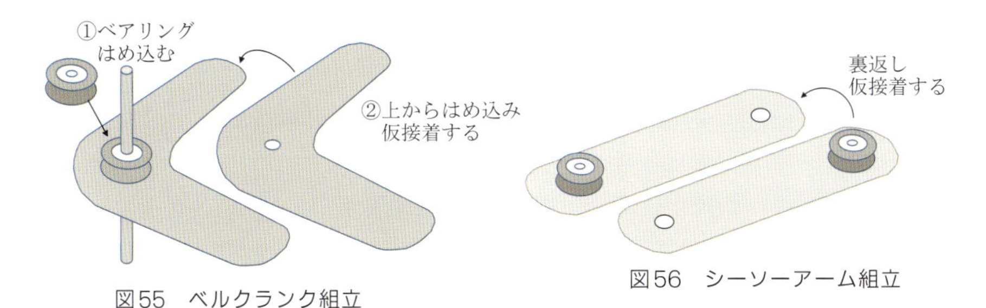

図55　ベルクランク組立

図56　シーソーアーム組立

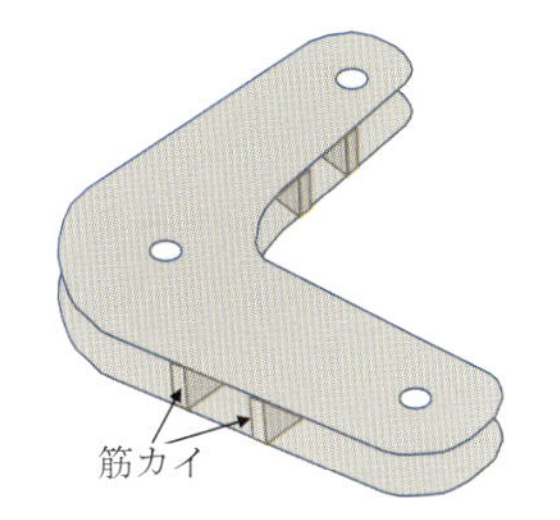

図57　クランク類の筋カイ

合わせ仮接着する。シャフトを外した後、接着面に樹脂含浸したクロスを3～4P巻き付け、同様に「曲面真空接着」する。

例（2)、ストレートクランクの軸受け2個の場合、基本的にはベルと全く同様の成型方法であるが、接合の際には専用の冶具を作って接着する。例（1）と同様に、「成型前処理」したコンパネに軸受け金型の受けをハメ込み、ミシン掛けしたクロスを必要枚数置く→金型差込み→クロスを巻く→「真空成型」する。これと同じものをもう1個作り、紙型原型に合わせて切断加工する。図（56）のような冶具を作り、それぞれ軸受けを入れ、互い違いになるように冶具上で組み合わせる。合わせを確認後、仮接着し、接着面を3Pクロスで「曲面真空接着」する。尚、出来上がったクランクは曲げ・捻じれに弱いので、図（57）のように、大きさに合わせて筋交を何枚か入れ、「L字真空接着」する。加熱炉は簡易炉として段ボール箱（小型品の為）で作り、真空ポンプは小型を使用する。

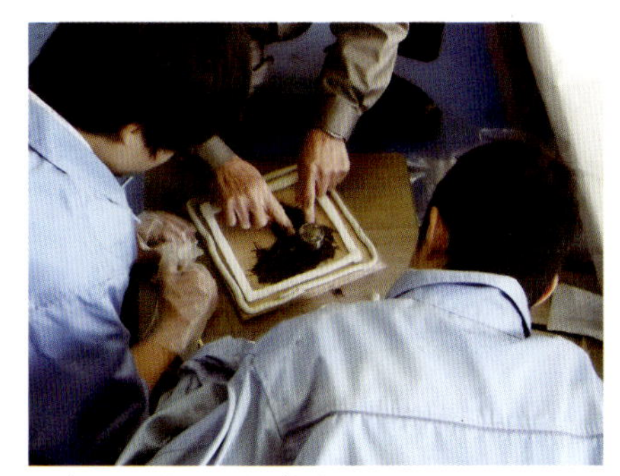
写真80　クランク成型

注意　①コンパネに金型受けをハメ込み、

油粘土でしっかりとシールする。
②ミシン後のクロスへの樹脂含浸は、あらかじめ真空でするのが良いが、ヘラでも慎重にすれば可能である。
③農ポリはセロテープで凸凹に合わせ、真空が行き届くように立体化の工夫をする。
④セロテープなので、炉内の温度は50℃までとする。

ロッドは芯にアルミパイプを使用し、それにクロスを巻き付け「真空成型」する。

パイプを#200のペーパで表面粗化させ、脱脂を完璧に行う。表面にサフェーサーを刷毛塗りし、乾燥後、樹脂含浸したクロスを2P巻き付ける。余分な樹脂をキッチンペーパーで吸い取り、タフタを巻きつけ、チューブ状の農ポリで「真空成型」する。尚、最大3.5mもの2本と3mもの3本があれば、ぞれぞれの長さに切断して使え、最終的にはロッドエンドを取り付け使用する。

注意　①長尺ものだけに「真空成型」は反り・捻れ・曲がりは禁物で、鉄製の水平面が出たC型チャンネルの外面を使用する。
②クロスの巻き付けは他人数で行うが皺の入らぬようにする。
③長い真空チューブの真空漏れに気を付ける。

ステーは大小さまざまな形状が必要となるが、基本的にはどれもほぼ同様の成型法で行う。ここでは2例のステーを紹介する。

例（1)、多数取りの成型は、図（58）のように底板用コンパネと中子（ステーの大きさや厚みに合わせた中央木板）に吸い止め加工をし、「真空前処理」と同様の離型剤→ポバール塗布し乾燥させる。底板には採寸カットしたクロスを4Pとし、中央木板を垂直（治具を作っておく）にセットする。治具で

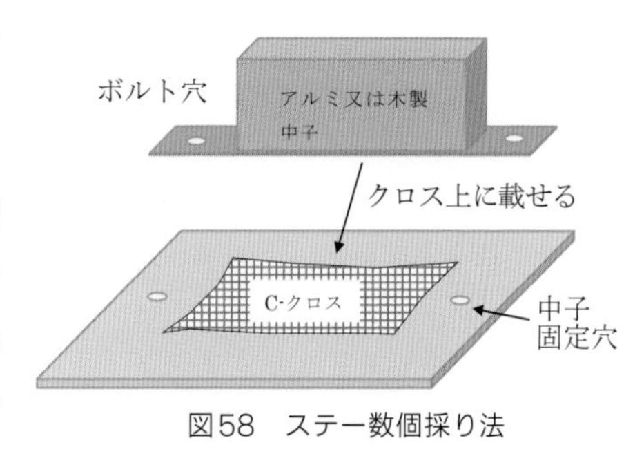

図58　ステー数個採り法

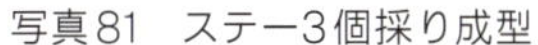
写真81　ステー3個採り成型

写真82　ステー強度試験

垂直にした両面に、クロス4Ｐで底と繋ぐようにエッジを取り、「真空成型」する。成型後大きさに合わせて切断し加工する。

例（2）は、中空間に厚みのあるステーである。中幅が25～40mmで、それぞれが1個取りの場合である。底板・中子の「真空前処理」を行った後、底板に採寸カットしたクロス6Ｐを貼り、その上に不安定だが中子が中心に来るように置き、両面にひとつ目と同様に採寸カットした6～8Ｐを貼り「真空成型」する。硬化後離型し加工するが、ふたつ目とも立ち上げ部分に強度がほしい場合は、図（59）のように軸穴へ邪魔にならない程度の三角リブを入れ、「真空接着」する。尚、1個取りの中子の固定は特にしないが、真空を掛けつつ垂直等を手で補正する。

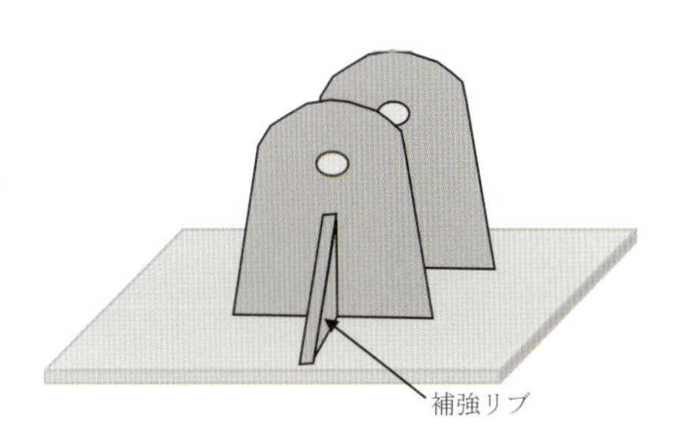

図59　ステー等の補強リブ

注意　①ステーは中央木版（中子）が垂直であるか否かが良し悪しを決定するので、真空の掛け始めは用心しながら厳密に補正する。
②三角リブ補強は仮付けをして「真空接着」させ、軸穴への留め金に邪魔のならないように配慮する。

16. 昇降舵部品・ヒンジ成型

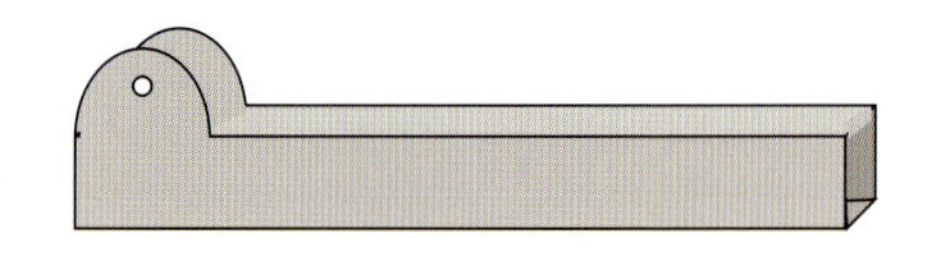

図60
アクチュエーター用アルミメス型

昇降舵駆動部品のアクチュエーターは、物性試験で得られた構造と寸法を基に成型した。

内寸40mmのアルミCチャンネルを図（60）のように加工し、これをメス型とし「成型前処理」した後、クロス8Pで積層し「真空成型」する。離型後写真（83）のように、強度を補強する為に、6箇所に6Pで積層したCFRP板を差込み、仮接着後2Pで「L字真空接着」する。

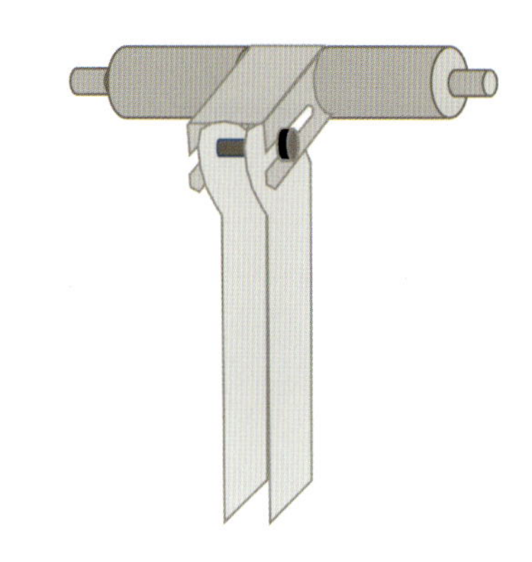

図61　エレベータ駆動ヒンジ

昇降舵ヒンジ（写真84）は昇降舵と対になっているもので、図（61）で示すように駆動ヒンジに伝わった力を、角度を変えて昇降舵に伝え支えるもので、言わば角度変換ヒンジである。

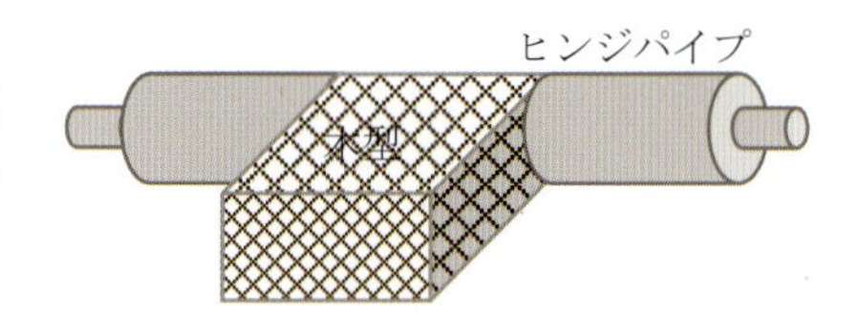

図62　ヒンジ木型

昇降舵の回転と重量を支えるCFRPアルミパイプは、外径12mmのアルミパイプを設計寸法の長さに取り、脱脂後自動車用サフェーサーを塗布する。乾燥後クロス15Pで「真空成型」し旋盤で外径18mmに削る。これを差し込むパイプは外径18mm木製丸棒に新聞紙を1回転巻き、農ポリ（0.05）を2回巻き付ける。その上に採寸し樹脂を含浸させたクロスを6Pになるように巻き付け「真空成型」する。離型後このパイプは図（62）のように吸い止め加工した木製のオス型に離型剤を擦り込み、新聞紙1枚と農ポリ2枚を貼った型に押し付け、型とパイプを仮接着する為にクロスを2P巻き「真空成型」する。捻じれ等

写真83　アクチュエーターのリブ補強

写真84　昇降舵のヒンジ部

の欠陥がないことを確認して、オス型の部分にクロスを6Ｐを巻き付ける。さらにパイプとの接着にもう2Ｐと駆動ヒンジの接合部分強化の為に6Ｐして、再度「真空成型」する。硬化後表面を精密加工し駆動ヒンジ連結部に切り込みを入れる。

注意　①駆動ヒンジ補強リブの凸凹は狭い部分の「真空接着」となるので、3回に分けて真空が完全に行き渡るようにする。
②CFRPアルミパイプの切削は旋盤でおこなうが、芯出しをしっかり行い、ぶれないようにする。
③木製型とパイプを仮接着する「真空成型」は、捻れ等による変形が起きぬよう、補正をしながら真空引きする。

17. メインギヤフレーム・レール成型

MGFは最も強度を必要とするので、メス型で一体成型したいところだが、「HRVaBM」では一度に内外面の精度が出せないこと、メス型の製作が困難であること・真空成型の難しさ等で、物性試験の結果からクロスのみの積層板を成型し、切断して組み立て成型する。

クロス積層板は40Ｐで、「真空成型」する。出来た40ＰのCFRPは、図（63）のような形状を設計寸法で切り出す。パーツごとに合わせ、寸法を出し、通しボルトで仮組み立てし、寸法を確認した後、樹脂で仮接着する。再度変形の無いことを確認し、図（64）の順で四角柱を四隅に縦に貼り付け、三角リブをそれぞれ補強材として四隅に貼り付ける。寸法出し通しボルトを切断し、接着した全ての所を、内外側とも数箇所に分けて、クロス3Pで「真空接着」する。その後、通しボルトはディスクカッターで切断除去する。

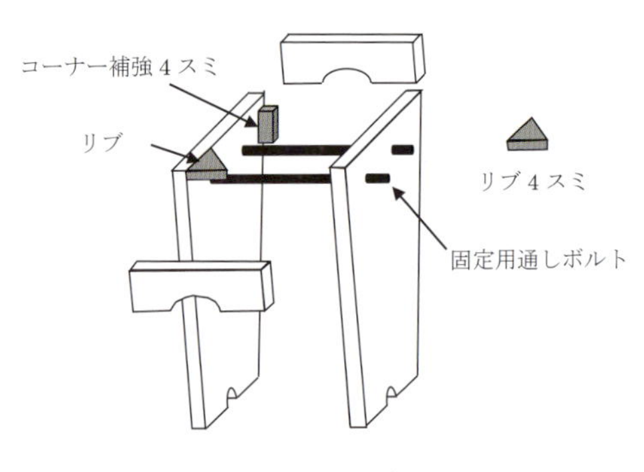

図63　GMF組立

レールは物性試験で得た形状と数値から、設計寸法に従い切断し、2枚のハニカムコンポの間にクロス3Pを挟み、「真空接着」する。これを二本作り、MGFの両面に位置決めし、仮固定する。これを胴体の取り付け位置に置き、半円柱フレームの位置を確認し、半円に切除する。次に、仮固定したレールとMGFを接着する為、再度胴体の取り付け位置に置き、寸法や角度を最終確認した後、この二つを樹脂で仮接着する。硬化後胴体から外し、写真

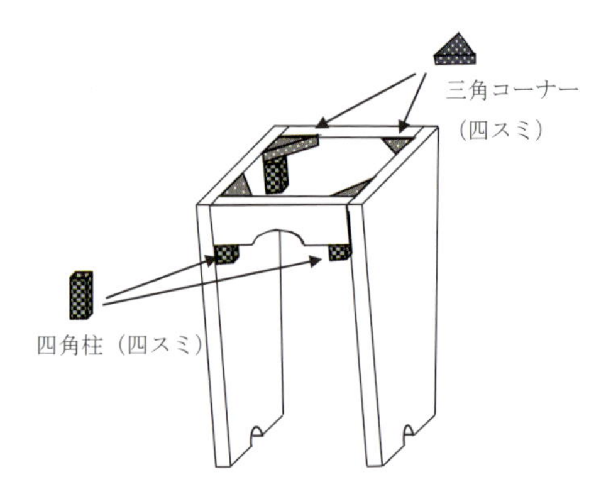

図64　主軸マウント強化

写真85　MGF立体真空成型

写真86　胴体とレールのリブ補強

（86）のように補強三角リブ8個使い仮接着後、クロス3Ｐで全ての箇所を「オハギ・真空接着」する。尚、接着は数回に分けるが、その都度の加熱は全てドライヤーを用いて、段ボール紙の簡易炉を作り行う。またオハギは細部の形状を作りサランナップを巻き、図（65）のようにスプリングか竹を用い、つねに圧力が掛かるように工夫する。

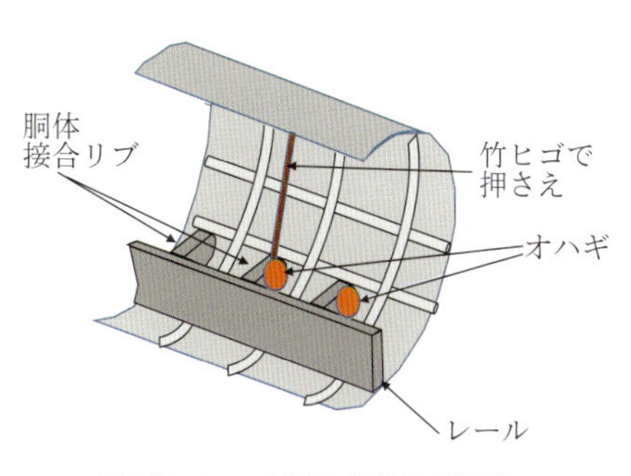

図65　レール胴体接合リブ補強

注意　①40Ｐ積層板の切り出し・組み立寸法は高精度で緻密さが要求される。
②組み立ての際は捻れ・歪みの無いよう冶具を使い接着し、各補強は「真空・オハギ接着」で完璧に接着する。
③レールとMGF一体物の切除や角度・捻れ・位置決めは高精度の調整を要求される。

18. ブレーキの構造

ゴルフカート用油圧単板ディスクブレーキを採用する。ゴルフカートとこの飛行機の重量比は1：2ぐらいであるので制動能力的には劣るが、急ブレーキを使用しない仕様で採用する。一方、写真（87-1）で示すように、

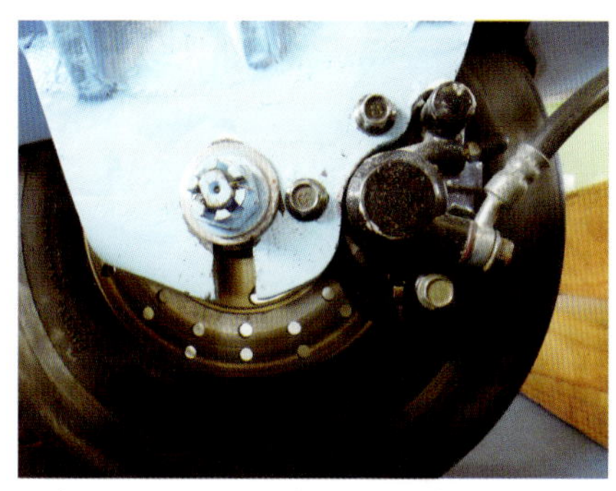
写真87-1　MGFのディスクと油圧パッド

写真87-2　油圧ブレーキとハンドル

これを駆動する油圧ポンプは、コックピットの左側に設置し、高圧チューブでディスクパッドと接続されている。ポンプシリンダー径は30mmで写真（87-2）のようにCFRPのパイプでハンドルを「真空成型」し、固定はポンプの形状に合わせ、クロス8Ｐで「真空成型」したものを機体スキンに「真空接着」する。

注意　①パイロットの位置移動があるので、ブレーキハンドルは固定せず可動式にする。
　　　②高圧チューブのオイルは空気を含まないよう充填すること。

19. 可動式前輪・後輪の成型

方向蛇のペダルを踏むことによって、前輪と後輪が連動して、機体の方向をスムーズに変えることの出来る機構とシステムである。両輪とも狭い所に複雑な機構を組み込み、耐衝撃性も必要とするので、強度的にも困難な成型である。

前輪のフレームはCFRP製でと思ったが、設計寸法から写真（88）のように金属シャフトとの接合が出来ず、耐衝撃性を考えフレームも金属にした。先ず、胴体に取り付ける当て板はクロス16Ｐのみで「真空成型」したものに、図（66）のようなコの字に8Ｐで「真空成型」する。これを曲げ強度補強の為、2本接着しクロス2Ｐで「L字真空接着」する。これをベースとし、センターにシャフト穴を開け、軸受ケースをクロス3Ｐで「真空接着」する。次に、図

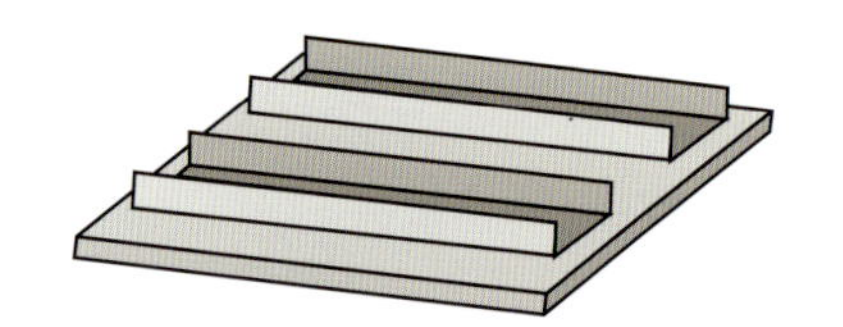

図66　前輪取付フレーム裏面補強

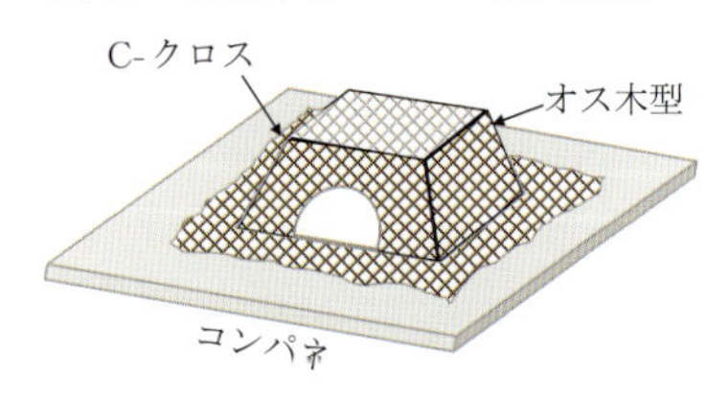

図67　前輪ストラット固定フレーム

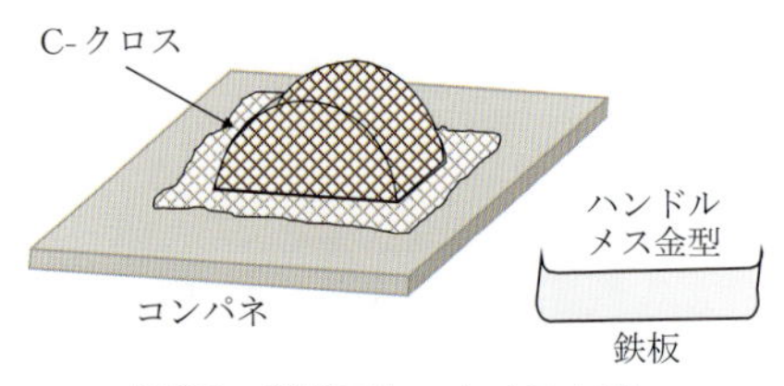

図68　後輪フレームオス木型

写真88　方向蛇と連動の前輪

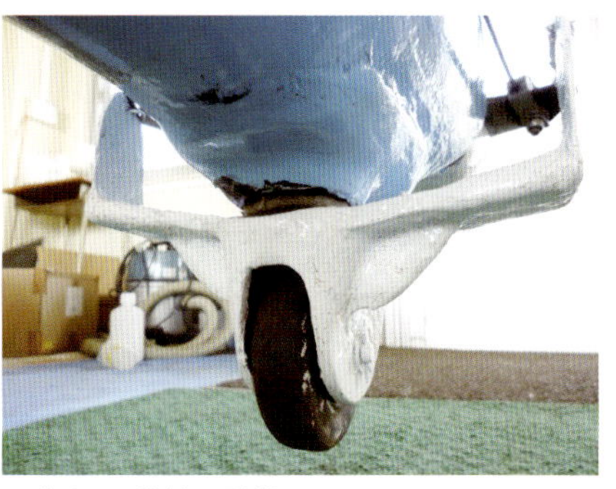

写真89　後輪の形状

(67) のような軸受けフレームを成型する。木製のオス型を作り、ウレタン樹脂で2度塗りし、吸い止め加工する。以下「成型前処理」→クロス8Pで「真空成型」する。出来たフレームの上部に、ベースの軸受から出たシャフトを受けるように軸受ケースを載せ、クロス2Pで「真空接着」する。これをベースと合わせ接着し、周囲をクロス3Pで「真空成型」する。

一方、後輪は設計寸法に従い、図 (68) のような後輪フレームの木製メス型とU字型軸取り付けの鉄板メス型を作り、それぞれ「成型前処理」→クロス8Pで「真空成型」する。離型後U字型中心部に穴を開け、その下側に軸受ケースをクロス2Pで「真空接着」し、後輪を装着したフレームを取り付ける。

注意　①前輪・後輪とも小物の凹凸が激しい立体「真空成型」であるので、細部に真空が行き渡るよう気を配る。
②前輪のシャフト軸受の位置決めは、ダミーシャフトを利用（樹脂の付着の恐れ）する。

20. キャノピー成型と取り付け

小さく薄いものであれば自作も出来るが、一体物の強度を考えるといくらオス・メス型があっても成型は無理なので、企業にお願いした。企業には厚さ3mmのアクリル板から本校のオス・メス型を基に成型して頂いた。

出来たアクリルキャノピーの補強は、2cm幅のハニカムコンポを２枚重ね接着する。これをキャノピの内側に、切込みを入れながら、カーブに沿って貼り付ける。硬化後、クロス２Ｐで内側に1.5cm外側に2cmの接着面を採り、4箇所に分け、緩やかな「真空接着」をする。胴体との取り付けは、あらかじめ成型しておいたヒンジを使い、キャノピに2箇所ヒンジを「真空接着」する。ヒンジ成型は、図（69）のように、吸い止め加工したコンパネに「成型前処理」をし、二組のヒンジが取れる長さの樹脂含浸したクロス6Ｐを敷く。その中央に1.5mmの鉄線に新聞紙を1回、その上に農ポリを巻き付けたものを置く。鉄線を挟むように、鉄線から半分のクロスを折り畳み「真空成型」する。硬化後鉄線を抜き取り、ヒンジ形に金鋸で切り出す。

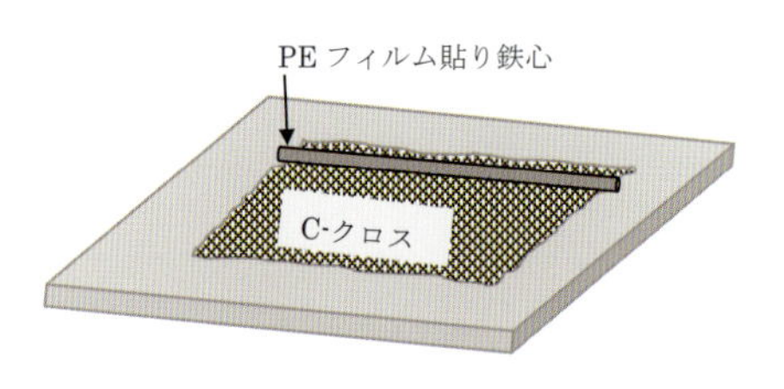

図69　ヒンジ成型

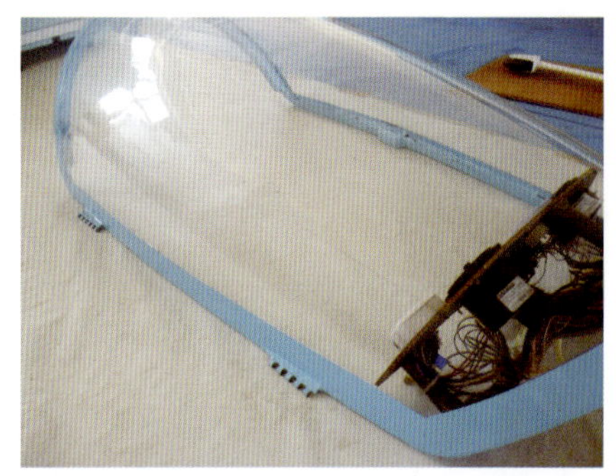

写真90　キャノピー縁取りとヒンジの成型

注意　①キャノピの加工の際は全面をマスキングし、樹脂等の付着や傷が入らないようにする。
②ハニカムを接着するアクリル面を脱脂するが、アクリルフリーの溶剤を使用する。
③「真空接着」の際、キャノピ自体が変形しないようにする。
④ハニカムをカーブに沿わす際の切り込みは、小刻みに入れ、滑らかなカーブが描けるようにする。

21. ウイングレットの成型

ウイングレットは主翼先に取り付けるもので、独特な立体構造をしており、先端は極端に薄くなる。機械加工で、HPSFからの削りだすのは無理なので自作した。左右一対の形でなくてはならず、削り出しには大変苦労した。ここではメス型も含め、特殊な成型をするので敢えて特筆する。

HPSFから、写真（91）のような形状に、オス型原型を起す。初めに削り終えたHPSF原型表面を、スチレンフリー樹脂で表面加工する。これに自動車用パテを塗り、#400・800・1000のサンドペーパーで研磨する。その後、表面に離型剤をしっかりと擦り込んで置く。次に、本来ならば前記と同様FRPメス型成型をすることになるが、費用のことを考慮し、安価な石膏でメス型を成型する。

形状が90°近く反り上がっており、しかも薄く尖っているので、写真（92）のような段ボール箱で石膏メス型取りをする。HPSFは強度がない為に、直接石膏を塗布出来ない。従って支えの補強として、段ボール内に発泡ウレタン樹脂を投入し、離型剤塗布後の原型をPEフィルムで覆い、発泡終了間近の樹脂に押し付ける。硬化後、PEフィルムごと原型を外し、発泡体の表面を整え、原型を置く。その原型の周りを、油粘土で割り型の為のセンター決めをする。周囲を段ボール紙で囲い、上から石膏を厚さ1cmになるよう投入し、半ゲル化した時に、その上からガラス繊維を入れた石膏を厚さ2cmになるよう投入する。硬化後、反対面を型取りする為に発泡ウレタン側を離型し、石膏型を裏返しにする。石膏型の合わせ面に、カリ石鹸を離型剤として塗布する。半乾きの時、前述と同様にして石膏を投入

写真91　ウイングレットの形状

写真92　ウイングレットメス型取り台

し、片方のメス型を成型する。これで左右の1つが出来たので、全く同様にもう一方のひとつを成型する。出来た石膏型は、結晶水を失わない程度に、しっかりと乾燥させる。表面は「座席シート成型」と同様に、吸い止め加工し、離型剤→ポバールで「成型前処理」が完了する。CFRPはクロス3Pで片面ずつ「真空成型」し、両面が出来たらバリを取り、合わせて仮接着する。次にクロス2Pで内側が特殊な棒ヘラを2種類製作し、接着部を丁寧に接着する。

注意　①発泡終了時期の樹脂に押し付けるタイミングは難しく、状況判断が要求される。
②薄物の半割りは、あらかじめ線描きをして置いた線に従って油粘土を貼り付けていくが、抜き勾配が逆にならないようにする。
③カリ石鹸の塗布は、塗り残しのないように2度塗りする。
④石膏型の乾燥温度は80℃までとし、乾燥させ過ぎないようにする。

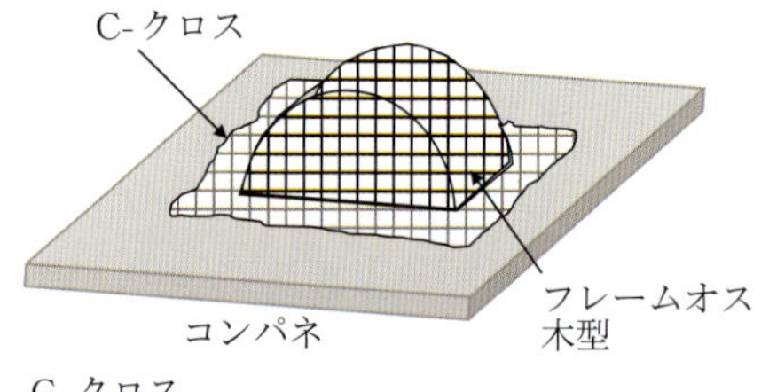

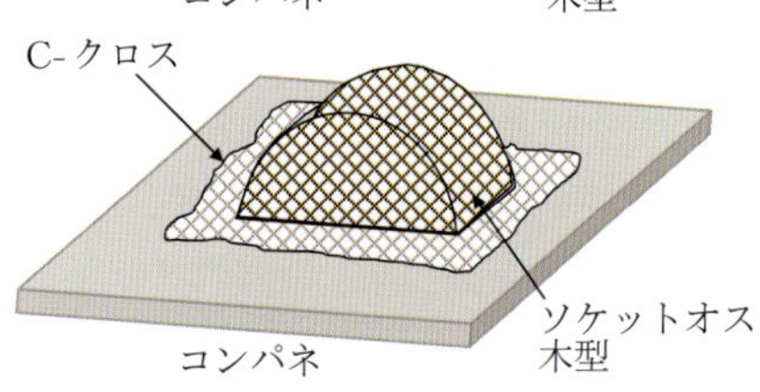

図70　補助輪フレームと取付ソケット木型

22. 補助輪の成型と衝撃緩和法

補助輪をどの位置にしたら良いのか、牽引しながら強度と構造・位置を決定する。最終的には、写真(94)のような形状になったが、位置と衝撃を緩和するのに手間取った。

初めに設計寸法から、芯になるバルサ材を切り出し、吸い止め加工する。これに樹脂含浸したクロスを2P縦向きに巻き付け、「真空成型」して置く。一方、車輪フレームと取り付けソケットを、図(70)のような形状の木型から、フレームはクロス8Pで、ソケットは10Pでそれぞれ

図71
補助輪
衝撃緩和装置

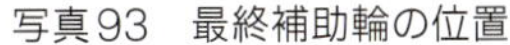
写真93　最終補助輪の位置

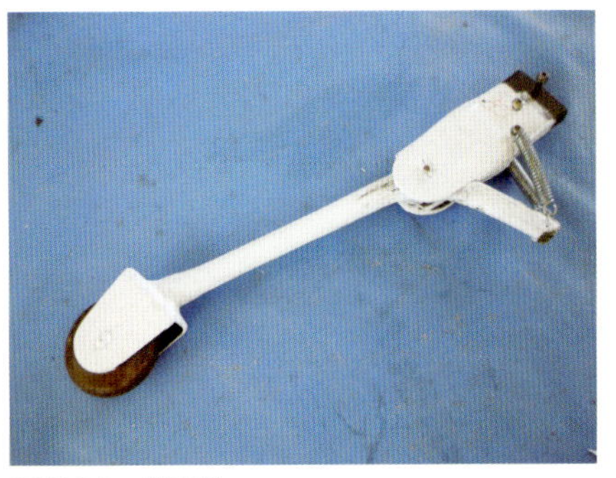

写真94　補助輪

「真空成型」する。この2つを支柱に接着し、接着部にあらかじめフレーム部分から、クロス3Ｐで「真空接着」させた後、支柱部分全体を包帯で巻くように4Ｐで「真空成型」する。また衝撃緩和法として、図（71）のような方法を採った。

注意　①一度に巻き付けると破損するので、あらかじめバルサ芯材に2Ｐクロスを巻きけ、硬化後ゆっくりと折らないように巻き付けて「真空成型」する。
②ソケットの木型は抜き勾配がないので、新聞紙と農ポリを巻き付け、離型させる。

23. 各種部品・設備の機体装着

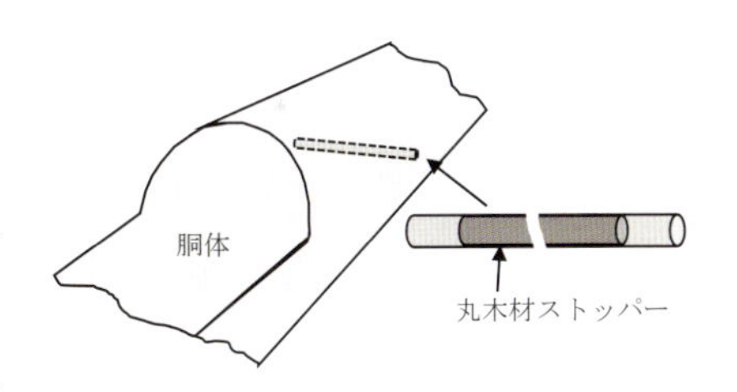

図72　主翼前後撓み防止部材取付

7.の主翼組立で、前後捻れ歪み防止を組み込んだ後、主翼を桁ケースにセットし、前部左右の胴体スキンに、その受け用ソケットのCFRP製パイプを真空接着する。後部は胴体への1本通しとし、歪みを食い止める為に、図（72）のようなストッパーを設ける。操縦桿・昇降舵・方向蛇・エルロンの駆動部は、第3章2の設計2-1-9で示しているリンク図ように、それぞれの大きさ・形状のクランクを組み込む。クランクのステーは、あらかじめ成型したものをそれぞれの位置に配置し、仮止め後、「真空接着」

写真95　ロッドとクランク取り付け

写真96　モータ支柱取り付け

する。操縦桿からのエルロン・昇降舵はロッドで連結し，方向蛇ペダルからは方向蛇・前輪・後輪をワイヤで連結し、特に長くなる方向蛇は、胴体内部にローラーやガイドを設ける。

バッテリーは重量があるので、機体の重心位置に大きく関係する為、前後左右に動かすことができるように可動式とし、振動に弱いので、スポンジを使用して振動対策とする。また、配線等は高電流が流れるので、配線上に数箇所スイッチを入れ、安全対策をする。座席はバッテリーと同様、重心に最も影響を及ぼすので、これも前後の可動式とする。シートベルトは4点掛けとし、ヘルメットには、コックピットと無線交信できるようにマイク等を取り付ける。燃料電池の水素は補助電源用であるので、出力1kWで20分間程度の発電が出来るよう、ボンベ300 Lで3.3 kgを搭載する。燃料電池本体は桁ケースに取り付け台を挿し込み、その上に載せる方式を採る。

モータ支柱取り付けは、写真（96）のような桁ケース中央部に、CFRP製の受けを取り付け、ボルトで角度可変型のロック形式とする。主翼桁のロック穴は、写真（97）のフライス盤でケースと一緒に穴を開け、桁ケースを胴体に真空接着する。ロックピンはジュラ製でハンドルを付けたものとする。キャノピーは右にヒンジを設け、左から右に開けるようにする。2箇所のヒンジはピンの挿し込み方式にしており、キャノピーの取り外しが出来るようにしている。速度計のピトー管は機体右ノーズ部分に装着し、硬質PEパイプで計器と連結している。パワーコントローラは座席の右に置き、ボリュームをハンドルに連結して前後の動作でコントロールする。補助輪は取り外し方式にし、位置・構造を何度も試験をした結果、最終的には主翼の平行翼先で中央が最も走行が良いことが分かった。車輪は、ウレタンゴム系のスケートボードのものを使用する。

写真97　桁ケースと桁のフライス盤加工

（三宅、坪井、服部）

第七章　電源・動力系統及び電気計装と塗装

1. 計器パネル成型

計器パネルは、キャノピー最前部に取り付け、一体式とする。主要計器は、飛行に必要な速度計、高度計の2つ。それと動力装置の電流計、電圧計とスイッチ類である。これらのものを配置でき、前方の視界を遮ることがない大きさのものでなくてはならない。また軽いことも要求されるので、5mm厚の未樹脂含浸ハニカムを**特注**し、ウレタンによる樹脂含浸後、フルサイズハニカムと同様に、Cクロス1Ｐずつで「真空成型」し、コンポジットにする。出来たハニカムコンポジット板を使用し、それぞれのスイッチ・計器等を配置する。配線図はCDを参照。

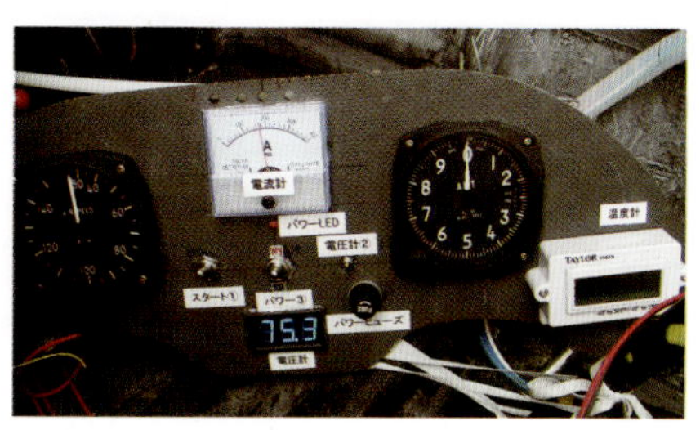

写真98　計器パネル

2. モータ

動力推進装置一式を、米国から輸入した。その中の直流モータは英国製で、スペックは、ブラシモータ、最大90V・200Aである。輸入した当初は、メーカー名すら分からず、全くのブラックボックスを扱うようなものであった。ただ分かっているのは、15kWの出力を発生できるということだけである。米国から送られてきた手書きの回路図や説明文通りに配線をし、それぞれの装置を接続すれば、離陸に必要な推力が得られ、飛行に成功するだろうと簡単に考えていたのである。ところが次の3,4項で述べているように、予定通りには進まなかった。エンジンであれば、長年の技術の蓄積で、多くの種類が市販されており、機体に合ったものを直ぐに入手することも出来たのであるが、こと電気エネルギーで飛ばそうとすれば、それが如何に難しいことであるかを、この後で思い知らされることになったのである。

写真99　モータ

3. リチウムイオンバッテリー

推進力が電動式となれば、当然バッテリーの良否が、成功のカギを握ることになる。従って、当初は鉛バッテリーの搭載を考えてみたものの、重量や大きさから判断して、到底不可能であった。そこで大容量のリチウムポリマーではどうかと考え、これも国内では入手出来ないので、外国から輸入することにした。そのスペックは、75V・MAX140Ah・20kgであった。これなら何とかなるのではないかと思い、何度か試走してみたが、なかなか速度が出ない。また複数回の充電を重ねる内に、パック数枚が体積膨張を起こし、これ以上使用不可能な状態になった。大容量の電流を一気に流し、さらに激しく振動する過酷な使用環境下では、ポリマーは限界である。いろいろな国内のメーカーに当たってはみたが、**飛行機に載せる**と言うだけで断られる。途方に暮れていた時、県内のメーカーがリチウムイオンバッテリーに参入されることを知り、無理を承知でお願いしてみた。この依頼に、「**岡山県のエネルギで飛ばしてやろうじゃないか！**」と、思わぬ快諾を頂き、まさに天の助け

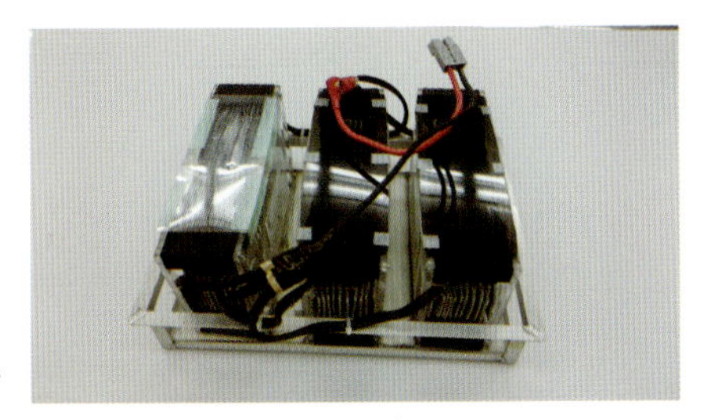
写真100　リチウムionバッテリー

であった。スペックは85V・MAX200Ah・28kg。これで必要な速度が出て、機体は浮き上がる筈である。だが、いくら試走しても浮上せず、何をどう改良すれば良いのか、行き詰まってしまう。プロペラ・コントローラ・モータなのか？

4. プロペラとコントローラの変更

バッテリーは何とか手に入ったもののまだ速度が出ない、となれば一つずつ当たって行くしかなく、比較的安価な**プロペラ**から買い替えることにする。最初に入手したプロペラはCFRP製の固定ピッチ（羽根角度の調整ができない）・トラクタータイプで、2枚羽根（直径1.36m）である。そこで、今あるモータで可動可能な、調整ピッチ羽根を選定する。国内では製造していないので、フランスから輸入した。スペックはCFRP製2枚羽根（直径1.3m、最大回転数3000rpm）、プッシュバックタイプで、早速出力試験を行い、飛行条件に合った最良のピッチ角の割り出しを行う。併せてベンチテスト（機体のノーズを秤に押し付けて静止推力を測定）も行い、最初のプロペラのデータと比較してみた。しかし、推力値にはあまり大きな違いがない。これでは、新たにプロペラを購入した意味がない。そこで、次に考えたのが、更に大きい出力のモータとコントローラを新たに購入して、今あるものと置き換えるということである。しかし、次から次へと動力装置を買い替えるのは費用がかかり過ぎるし、新しいものに交換したからといってジャンプ飛行に成功するという保証はない。そこで、比較的安価に購入できるコントローラだけを交換することにする。

米国から導入した動力装置一式のメーカー名は、輸入した時点では分からなかったのだが、輸入から3年余りが経過した時点でどうにか判明していたので、モータ出力15kWをカバーできる、同じメーカのコントローラを購入する。また同時に、動力装置単体で推力が測定できる計測装置を開発し、いつでも簡単に推力値の測定ができるようにする。これで推力実験が、簡単・効率的にできるようになる。新しいコントローラを購入するや

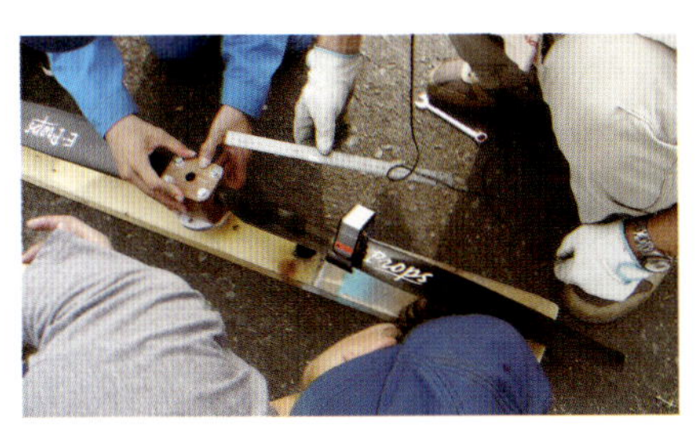

写真101　プロペラ角度調整

写真102　パワーコントローラ

否や、メーカーが公表している回路図を参考にし、新しい実験装置に配線を行う。この時に回路の安全装置として必要なヒューズがなかったので、安全のために動力装置を米国から輸入した時に送られてきた回路図と同じように配線接続をした。これでいよいよ実験の開始である。期待をもって、実験を開始して推力値を測定する。

しかし、推力値は、以前のものと大差がない。何かおかしい？　バッテリーの電圧は充電時の値で見れば、問題ない筈である。それならばモータに流れている電流値はどうなのだろうかと、クランプメーターで電流の実効値を測定する。案の定、電流値が期待する値の60％位しかないことが判明する。電気回路に何らかの問題があるとしか考えられない。そこで再度、コントローラメーカーが公表している回路図を細部にわたって点検・確認し、現実験装置の回路と比較検討する。ここで着目したのは、米国から送られてきた回路図の中に取り付けられていた“一つの抵抗器”が、メーカー公表の回路図にはないということである。この抵抗器が、何らかの障害になっているとしか考えられない。そこで、この抵抗器を外して、推力実験を開始する。するとどうだろう。クランプメーターの電流値が期待通りに表示されるではないか、これが出力不足の原因だったのだと判明した。この時に測定できたプロペラ推力は、以前の場合の1.6倍である。このことに気づくまでに、機体完成から2年もかかったのである。もっと早く分かっていれば、調整ピッチプロペラとコントローラを新しく購入する必要はなかったかもしれない。未知のものに取り組むということは、こういうものなのかと、痛感させられた出来事である。配線図はCDを参照。

5. ソーラーフィルム

写真103　ソーラーパネル

上空での天候不順やバッテリー電力不足による補助電源として、ソーラーフィルムを使用する。軽量で薄く柔軟性（カーブ力）があり、太陽光からの電気変換率も家庭用レベルであることが要求される。近年、薄型が出てきているものの、変換率は家庭用に及ばないのが現状である。そこで前述の条件を満たすことができ、電圧・電流・寸法をオーダー出来る企業数社に依頼する。ところが、どこからもなかなか快諾が得られない。唯一、1社が名乗りを挙げてくれた。写真（103）のようなソーラーである。スペックは基盤を有しないFTタイプのモジュールを使用する。厚さ1.5mm、曲げ半径は8mで重量は1.2Kg/㎡、合成電圧を89Vとし、2.25Aの約200Wで充電することにする。取り付けについては説明書通り慎重にするが、風圧で飛ばされないように両面テープの接着には2倍の面積をとる。配線図はCDを参照。

6. 水素型燃料電池

これも「ソーラー」同様、補助電源として用いるもので、飛行中リチウムイオンバッテリーを消費させない為に、直接モータへ送る回路とバッテリーに蓄電する回路を設けた。軽量・小型・安価で出力1kWを目指したが、国産では条件に合わず、写真（104）のような外国製の燃料電池を導入した。スペックは43V・23.5A・1000Wで、H_2の消費量は14L/minである。重量が4.2KgもあるのでH₂ボンベは軽量化を考慮し、必要最低限の容量で300L・3.3Kgにする。尚、この燃料電池は経費削減に鑑み、企業からの厚意により貸与されたものを使用した。

写真104　水素燃料電池

7. 電気配線とスロットルレバー成型

動力関係の各装置の間の電気配線は、輸入時に送られてきた手書きの回路図を参考にして配線を行う。(電気系配線図はCDで示す) モータ出力を変化させるためには、回転制御に必要な入力信号となる、コントローラへの入力電圧値 (0～5V) を変化させる必要がある。これに利用されているのは、可変抵抗器 (0～5KΩ) である。写真 (105) で示すように、これを実際の航空機と同じようにレバーで変化させる必要があり、レバーの動きを回転式の可変抵抗器に伝える機構が必要になってくる。そこで考案したのが、大小の2つのプーリー間に細いワイヤを架け、スロットルレバーを取り付けた大きいプーリの回転を、ボリューム式の抵抗器を取り付けた小さいプーリーに伝える仕組みとし、航空機と同じように、スロットルレバーを前方に押して回転出力を上げ、手前に引いて回転出力を下げる構造とする。

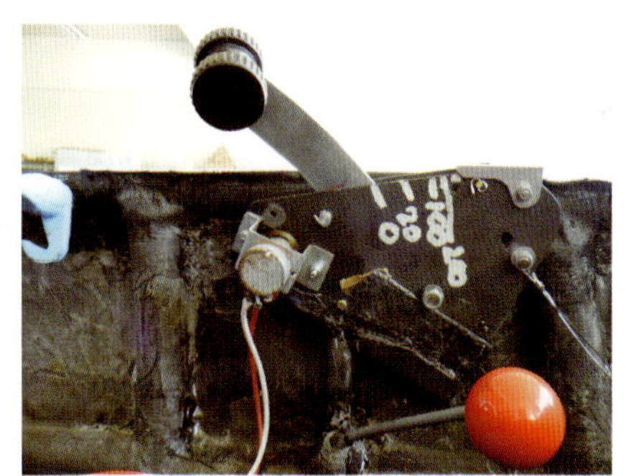
写真105　スロットルレバー

8. 塗装

機体の組み立てが終了したら、塗装に入る。キャノピー部分は外し、胴体と翼に分け、表面の丹念な水拭きから始める。ポバールの残りを完全に除去したら、乾燥した後にアセトン（未反応残渣を取る為）で雑巾掛けする。次に脱脂のため、ラッカーシンナーで雑巾掛けする。これに、自動車用塗料のサフェーサーを、全面に、圧力ガンで2回に分けて塗布する。硬化後、#800でむらの無いように軽く研磨し、全面に白の自動車用表面塗料を圧力ガンで2度塗装する。

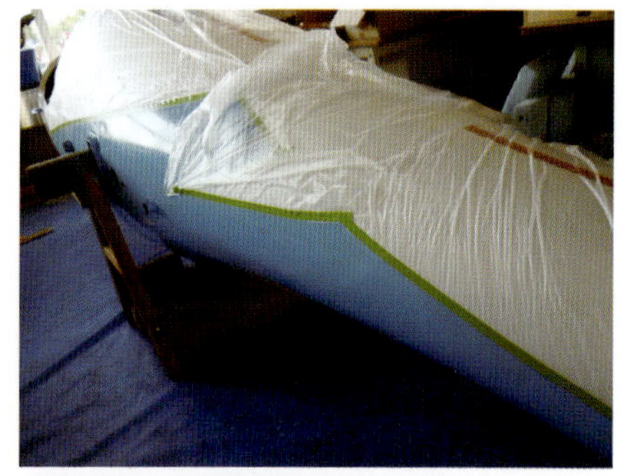
写真106　胴体塗装マスキング

デザインは生徒から公募で選出されたものを描かねばならないので、センター位置から寸法点を小まめに写し取り、自在曲線定規の代わりにグラスファイバー園芸支柱等を駆使し、マジックインクで写し取る。その上を写真（106）のようにマスキングテープでなぞり貼り、新聞紙等でマスキングした後それぞれの色（自動車用着色塗料）を圧力ガンで塗装をする。

注意　①水拭きは最も大切な作業で、残留のポバールがないよう隅々まで拭き取る。
②サフェーサーも表面塗料も１回ではむらが起きるので、むらを消しながら塗膜厚も揃える塗装をする。
③塗装中どうしても垂れ下がり易いので、ガン捌きは訓練を要する。
④テープマスキング後はインクを必ず消すこと。

（三宅・服部）

第八章　エピソードと生徒回想文

1. エピソード

カップラーメン6000超個とデザート

もともと部活動は、夜食は取らないのが一般的であるが、我々はPM10:00以降になることもしばしばである。その為、遅くなる日は昼食・夕食の2食を持参していた。たまたま終了時刻が遅くなった日、学校に残存していたカップラーメンを提供したところ、大好評であった。それ以来、PM20:00を過ぎると全員が食べるようになり、土曜は昼・夜食、さらには毎日のミーティング中にもさらに1食と、食べるワ！食べるワ！。ある心配性の教師いわく、「ラーメン代は誰が出してるん？」、確かに毎日毎日のことで、多い日には20個以上も必要になる。結局は、5年間で6000個を超えるラーメンを食べたことになるが、さらにビックリしたことには、このラーメンにデザートが付いていたのだ！。初回に生徒に渡されたのはケーキで、てっきり保護者からの差し入れだとだと思い込んでいた！なんと！実際は家庭科の先生からだと言うではないか！それ以来、ある時はクッキー、暑い夏は水菓子等と工夫されたものが1～2週ごとに5年間続いて提供されたのである。全く予期しなかったこの振る舞いに、生徒達と一緒に、品物の中に詰まっている真心をいただいたのである。その後、話を聞きつけた卒業生をはじめ、現職教師（管理職含む）・元教師から、さらには同窓会や保護者からと、また、一方ではこのプロジェクトとは関係のない先生方や企業からの差し入れと、物心両面で応援して下さったのである。言葉では言い表せられない何と表現したら良いのだろうか、学校という枠を超えたご支援に、ただただ感謝とお礼を申し上げたい。

企業の大英断と心意気！

かつてエコカーを原型製作して頂いたという甘えもあり、無理難題は承知の上で、超大型の型の製作をお願いに上がった。「以前は鋳物と言う仕事の範囲内で製作できたが、今回は高度過ぎて期待に沿うことが出来ない」と言われる。その理由は「第一に大きさ・薄さ・変形等々、これらは仕事として未知過ぎる」、さらに「平面図から立体図にするコンピューターワークが、学校と連絡を取りながらでは長期間を要するので、完成出来るかどうか分からない」とのことであった。「取り組むとしたら総額はこのくらいは掛かります」、と提示された額を見てびっくり、想定していた予算の10倍以上であった。

本来ならばここで、このプロジェクトは止めるべきであったが、前出の会長さんからの一言で、技術的・経済的にも大きなリスクを背負いながら、取り組んで頂けることとなる。出来た物はとても木型屋さんが造ったとは思えず、発泡スチロールと集成木材を組み合わされており、変形しないように工夫されていた。全ての厳しい条件がクリアされているではないか！。

将に企業魂の素晴らしさに、ただただ感服させられ、この恩に報いる為にも、途中で投げ出すことは出来ないと決意したのである。

人間が壊れる？

樹脂加工された発泡スチロール原型の表皮を鏡面仕上げする作業は、3ヶ月間と言うタイム制限の中、3種類のペーパーを駆使し、コンパウンド仕上げまでを行うのだが、担当した5人の新入生には過酷な作業となった。全て手作業である為、腰や膝を痛め、目や肘が利かなくなり、肩に注射を打つために医者通いである。

そこで投入されたのが動力研磨機である。これならば、と早速使ってみたら大失敗！振動で樹脂表皮と発泡スチロールが剥離してしまったではないか！想定外だ！大変だ！原型が壊れてしまっては……。必死になって補修をするものの、余分な作業が増え、前には進めず、挫折感ばかりを味わうことになった。結局、動力は使えず、元の手作業で全てを研磨するはめになるが、それでも何とかしようと努力する生徒の我慢強さには、ただただ頭が下がるばかりであった。

このプロジェクトは中止だ！

また失敗だ！思うような強度が出ない！　管理職に報告に行くと「そうか駄目だったか……」後の言葉は出なかった。何せ一本の桁の製作には2〜3週間を要し、経費は、6〜9万円掛かるのだから、それを何本も何本も失敗するのだから、経費の工面を考えなければならない管理職としては、ヒヤヒヤでは済まされなのである。失敗が続く中、いつ「プロジェクトは中止だ！」との声が掛かりはしないかと毎日がビクビクする不安の日々であった。

しかし、設計強度の数値が出ないことには、前に進むことが出来ないので、今度こそはと必死に改良に改良を重ねたが、とうとう7本も壊してしまった。8本目、今度も駄目だろうと不安を抱きつつ、試験機に掛けた。ところが今度は折れず、目標の重量に耐えているではないか！ヤッター！遂に出来た！皆の笑顔や喜ぶ姿が、今も脳裏に焼き付いている。これで大難関の壁を突破できた。大きな前進である。

いつ死者が出るか？

あぁ、今日も無事だったな！成型完了までの約5年間、恐怖・恐怖！の毎日であった。いつ**爆発**が起きても不思議で無い環境である。作業場が三つの教室に分かれている関係で、教師の眼が全作業場に行き届かないのだ！使用する溶剤はアセトンやシンナー、アルコール類で、取り扱い作業者（生徒）は全くの未経験者である。基礎的な知識は指導したものの、ファンヒータの生火は必需品（加熱炉用）であり、冬場になると静電気や金属同士の火花にも気遣いが必要である。勿論、取り扱い作業基準は徹底し、生徒達を信じているつもりだが、万が一の事態が頭をよぎり、身の細る思いであった。それにしても良くぞ爆発もさせず、事故もなく、それも5年間無事に完成まで漕ぎ着けたと思っている。まさに、目に付かないところの大奇跡であり、それを起こした生徒達は、心に大きな財産を宿したであろう。

自信に満ちた大失敗！

時間的にも、胴体成型が完了している頃だろうと作業場を覗いた。ところが作業が止まっているではないか！どうした？と問いかけても、返答がない。全員でストップウォッチの針を睨みながら、何度も何度もあらゆる場面を想定し、シミュレーションを繰り返しながら、これなら充分やれると自信を持って取り掛かったのではなかったのか？全員棒立ちになり、無言のまま肩を落としている。返事をする者はやはりいない。彼等は、失敗すると10万円近いものが吹っ飛ぶことも承知である。本来ならばここで「バカモン！」と怒りたいところだが、彼らの表情から心情を察すると、とても怒ることが出来なかった。結局、失敗の原因は、夏場であった為に、樹脂液の温度が想定していた温度より4~5度上昇したことと、使用量が大量配合となったことが、樹脂硬化速度を早めたことだった。もちろん、これらのことも、幾らかは配慮はしたつもりであったが、ここまで反応が進むとは想定外の出来事であった。その後、500分硬化の樹脂を購入し、難局を乗りきることが出来たが、つくづく叱らなくて良かったと、反省したのである。

新素材は使えるのか？

CFRPの欠点は、破断すると破断片が飛び散り、その箇所は完全に分離してしまうことである。そこで、この欠点を補う為に、防弾チョッキ等に使用されているアラミド糸クロスが利用されることがある。我々は、それらよりも物性的に優れていて、倉敷発祥の化学企業で製造され、火星探査機のエアバッグにも使用された液晶ポリエステル繊維に着目し、協力をお願いすることにした。ところが、使用目的が飛行機であると告げると、良い返事がいただけない。理由を訊ねてみると、CFRPを用いて，大きな複合材としての実使用した例がないとのことであった。企業としても、有人の飛行機に使われて、それも素人集団が不完全な成型法で造る飛行機だということになると、もろ手を挙げて賛成、協力というわけにはいかないのである。これは当然の判断で、もっともなことである。でも諦め切れず、なんとか自己責任で使わしていただけ無いものかと、再度お願いをしてみると、協力していただけそうなお返事をいただいた。そこで、間髪をいれず、「ぜひお願いします」と返答はしたものの、我々も使用したこともなく、第一、作業に必要な鋏さえ、高額のため買うことが出来ず、企業からお借りする始末である。気になる価格については、恐る恐るお聞きすると、サンプルとして無料で提供でして下さるという！誠にありがたい！何とか使用できてくれ！と、祈るような気持ちで物性試験をしてみると、すばらしい結果が得られた。ヤッター！これで主翼や桁ケースの曲げ破断に自信が持て、安全性の確保が出来たのである。

奇跡が起きた！

そもそも手作業というものは、数を造れば全部の重量が微妙に違っていても当たり前である。主翼桁の左右重量ともなれば尚更である。また例え、桁は同じでも、それから成型された主翼が同重量になることは、先ずありえないことである。このことは試作に合格した時から、いったいどの位の差が出てくるのか、どの位の差で収まるのか、不安と心配の種であった。大きな差が出たらどうしよう！祈る気持ちで桁の成型が終わった。2本を計量してみて、目を疑った！桁1本15kgのものが、なんと80gの差で収まっているではないか！良かった、とにかく良かった！安堵の気持が体中を巡ったが、直ぐに次の主翼が成型された時の重量差が心配になり出した。今度が最も難関だ！作業工程数は多く、日数も掛かるし複雑である。全員で確認した後、約2ヶ月半を要し、成型は終了した。余りの難しさに重量のことは頭に無く、生徒から言われるまで気づかなかった。ビクビクしながら計量してみると、エッ？200g差？一斉にウォーとどよめきが起きた。奇跡が起きた！やったぞ！予期せぬ結果に、生徒達の気力は更に盛り上がって行った。

生徒の生命危機！

このような誰もが取り組んだことのない新しいプロジェクトでは、予期せぬ怪我・事故等は付きものではあるが、こと学校ともなれば充分すぎる安全対策を施さねばならないことは当然のことである。大怪我・大やけど・中毒・爆発・死亡等々あってはならぬことであるが、よもや起きてしまうとは……。

プロジェクト後半で、期日に追われていた、ある夏の猛暑日のことである。今日も塩飴を舐め、水分もしっかり摂り、万全の対策で作業に臨んでいた時である。「先生！〇〇君がいない！」、トイレかな？と思い見渡すと倒れているではないか！これは大変だ！頭をぶつけていれば動かすことは出来ないし……。意識があるので聞くと、どうも熱中症のようだ。頭から倒れてはいないようだが、救急車を呼ぼうとした。しかし、大丈夫だからという本人の希望もあり、保護者の方に連れて帰っていただくことにした。万全の対策をしていたつもりではあったが、危惧していたことが起きてしまった。命に別状がなければ良いがと祈りつつ、他の生徒にはさらなる注意と喚起をうながした。

翌日の朝、目を疑った！昨日倒れた生徒の作業内容を確認しようと、朝礼をすると、そこに本人が来ているではないか。「帰れ！すぐ帰れ！」というが帰らない。作業をするというではないか、どうしたものか……。結局、希望を聞くことにしたが、本人は自分の作業が遅れれば、皆に迷惑が掛かり、期日に間に合わなくなるであろうことを心配しての行動であった。口には出さないが、彼の言動から、その気持ちが痛いほど感じられたのである。我々は、彼が元気だっただけでも……。

一発必中

失敗は許されない！一発必中である。胴体の強度試験は、何度も出来るものではない。データが取れるのは一度のみ、それだけに構造・成型・試験は正確・慎重を極めた。出てきたデータは、最終的に飛行機の基本構造となるだけに、やみくもに強度を優先して重量を増やすことは出来ない。そこで限界まで絞ったのが、できあがったこの構造である。車輪も付け、250Kgの重量を載せたが、本当にこれで耐えられるのであろうか？だめだったからもう一度造ればいいという訳には行かない。もしだめだったら機体の全ての構造を、再構築し直さなくてはならなくなるからである。

従って、もし壊れれば不十分なデータから予測して良くも悪くも大ざっぱに製作してしまわなければならない。それだけはしたくないし、避けたい。不安がよぎる中、吊り上げ作業が終わり、落下の準備が完了した。テストは1度きりである。高さ50cmから落としても強度は大丈夫だろうか？いよいよ落下だ！皆は息を呑み、黙り込む。合図が出た！ドスン！一斉に駆け寄った。胴体もMGFも、びくともしていないではか！タイヤのリムが変形していたが、胴体は衝撃に耐えたのだ！やったぞ！これでまた1つの大壁をのり越えた笑顔は嬉しさでいっぱいであった。

驚愕の量のPPシート

全てがこのPPシートから始まったといっても過言ではないぐらいである。工場となる空き教室は、使用許可はもらいはしても汚してはならず、傷を付けることも出来ず、まして樹脂がこぼれたり、付着する等あってはならないことなのである。教室ばかりではない、塗装工場となる開放廊下・使用させてもらう実習室等も、全面このPPシートで覆わなくてはならず、汚れが酷くなれば取り替えなくてはならないので、莫大な量のシートが必要になる。大金をつぎ込むことも出来ず、どうしよう？気持ちははやっても工場が出来ない！。

何とか安価に入手する方法はないものか？、思案の末、シートの国内生産トップの県内メーカーに相談させてもらったのである。快く了承して下さり、価格をお訊ねすると、テスト品や試作品なので代金は不要とのことである。誠にありがたいことで、2～3日後の到着を楽しみにしていると、シート満載のトラックがやって来た。イヤー参った！参った！とんでもない量のシートである。欲張って全ての場所に1回貼れるぐらいの量をお願いしたつもりではあったが。トラックの荷台に積まれた余りにも莫大なシートの量に、圧倒されたのである。また、シートは5色あり、用途に応じて色で使い分けすることが出来た。中でも最もありがたかったのは、耐熱・防火シートである。成型には火気を使用するので、喉から手が出るぐらい欲しいシートであった。メーカーの援助と配慮に、深く感謝とお礼を申し上げたのである。

キャノピー

薄くて小さく、さほど強度のいらないものであれば、我々でも造れるが、飛行機のキャノピーともなれば、無理なことは充分承知していた。そこで、業者に依頼しようと、方々あたってみるものの、たとえオス型・メス型があったとしても、一品物は造れないと言う。仕方なく、樹脂メーカーにお願いして解決を図ったが、西日本では受けてくれる企業はなかった。「学校から遠くなるが、大阪以東でも良いか」と言われ、瞬時に「よろしくお願いします！」と依頼をした。あちらこちらとあたって下さったようで、やっと名古屋の企業が引き受けてくれそうであるという連絡が入った。早速、企業と交渉していくうちに、予算が全く合わず、交渉は難航した。「先生！アクリル板の1枚が何円するか、知っているでしょう？」「試作となれば、何回もの失敗を覚悟しなくてはならない！」ごもっともであり、余りにも身勝手で、甘すぎることに恥じるばかりであった。

結局、何度も試作を重ねて、8度目ぐらいに完成したらしく、送ってくださった品物は、素晴らしい出来ばえだった。そして同封された請求書を見ると、本校が提示していた金額が、書き込まれているではないか！間違いではないかと確認すると、「**予算が無いのでしょう？工高生が夢を追っかけているんじゃないですか！協力させてもらうよ！**」企業と学校として、就職での付き合いもなく，何の縁もゆかりもない、遠く離れている工高に、ここまでの心温まるご支援を頂けるなんて……。ありがたくもあり、甘えすぎではないかとの自省の念にかられながらも、恩に報いるべく、どんな困難があろうとも，絶対に飛行機は飛ばさねばならないと決意を新たにしたのである。

バッテリー

当初予定していたLiポリマーでは出力が足りず、ポリマーでないLiイオンバッテリーは手に入らないものかと探した。ところが、大企業では「何百万円くれれば開発は可能」とか、「何万個くらい必要なのか」とか、また飛行機で使用するというだけで断られてしまった。

途方にくれていた時、たまたま岡山県の企業がLiイオンバッテリーを開発する記事が、新聞に載っていた。藁をもつかむ気持ちで出向き、ことの次第を話すと会長さんから**「岡山県のエネルギーで飛ばしてやろうではないか！**」と、まさかの快諾を頂き、耳を疑ったのである。企業としては、利益になるどころか大赤字になり、仕事の邪魔にしかならないのに……。それも急速放電、大容量、激振動に強く、発火しない燃えないものを、わざわざ開発してやろうと、さらには、高額のバッテリーを無期限で貸してやろうと言って下さった。イヤーありがたい！、その時の気持ちは、神が手を差し伸べてくれたかのごとく、心につかえていたものが一気に取り除かれたのである。

資格試験

ある土曜日、PM11:30が来たので、生徒達を車で送っていた車中の出来事である。1人の生徒が、「先生、危険物の国家試験の勉強はいつすればいいですか？」と聞いてきた。基本的には、メンバー全員が乙種4類取得を目標にしていたので、反射的に「ソリャー、休みの日曜にしっかりするしかないぞ！」と言うと、無言のままだったので、「試験は何日だ？」聞くと「今日です」と言うではないか。「今日だと？」耳を疑った。時計を見ると0時を過ぎていた。日が替わり、試験の当日になっているのだ。「なんで早く言わないんだ！」とは言ったものの、余りにも可哀そうでどうしてやることも出来ず、「ソリャー済まなんだナァー！」と謝るのが精一杯であった。後日、保護者の方から聞いた話では、机に向かいテキストは開けたものの、制服のまま寝ていたそうで、朝食も取らず試験会場に向かったそうだ。結果は、受験した2つの類とも合格していて、勉強する日数も時間も無い中、彼等の努力と集中力には、ただただ感心するばかりであった。ちなみにこの中の１人は、１回の受験で甲種合格をも果たした。

ある県教委の話

全国産業教育フェアの展示会場で、ある県の教育委員会の方から尋ねられたことがある。

「水島工高には、航空学科はないんでしょ？」、「先生方はどのようにして集めたのですか？」「予算はどこから出たのか？」「施設設備は国か県ですか？」等々、矢つぎ早に質問攻めにあった。確かにこれだけの事をしようとすれば、このような疑問が湧くのは当然であろうが、全くなにもない、皆無状況から始めたことなので返答に困った。「全て何もないところからですよ！」と言うと、けげんそうな顔をして「そんな筈はないでしょうでしょう！」と言わんばかりの、不思議な表情をされた。せめて経費の裏打ち位はあったのだろうと思われても仕方がないのだが……、あったのは以前、受賞の際にいただいた僅かな賞金くらいで、無鉄砲で無計画な、無謀極まりないプロジェクトであったことを告げると、納得して頂けた様子ではあったが、それでもまだ何かスッキリされてないようであった。そこで教師としてのあるべき姿に触れながら、本校の根底に流れている裏校訓、「フロンティア・パイオニア・チャレンジ精神」の話をした。

確かに現在では、学校で何かをしようとすると、前述の質問に出てくるような条件や環境を整えることに必死となり、整わなければ、やめるか計画変更をする。これが大方の考え方で、無難であり、当たり前かもしれないが……。教職員間でプロジェクトの話が出ても、「口先に箸で持って行かないと食べない！喰いついてくれない！」との話はよく耳にする。どこにでもある話かもしれないが、本校は多少のリスクがあろうとも、教師が率先して**「挑もう！」とし**、先ず行動を起こすことで、校内に目に見えない**渦**が起きる。その渦となったエネルギーが、周りを巻き込みながら活路を見出し、熱が冷めないうちに鍛え、結果の**成否は求めず**、それまでのプロセスを大切にする。今回も、教師の動き易さをまず優先させたことにより、無謀とも言える発想が、飛行機の成功にたまたまつながった！と理解してもらったのである。

航空会社整備士の話

ある空港で、飛行機を展示した時のことである。つなぎの作業服を着た数人が、飛行機を見に来てくれた。どうも見ている様子が一般の方々と違っているので、声をかけてみると航空会社の整備士とのことであった。あれこれと質問されたが専門立った事ばかりで、さすがにプロは違った見方をするものだと思った。その会話の中でひとつ印象に残った言葉が「工高生が飛行機を造ったと言うから、どうせ鳥人間レベルだろうと思って来てみたら、ここまで完成度の高い飛行機を造っているとは思いもしなかった。素晴らしい！良くぞ造った！」この言葉を聞いた生徒達は「プロに認めてもらえた！」と、はち切れんばかりの笑顔で喜んでいた。

「嵐の松本潤氏」来校

NHKから取材の依頼があったので、引受けはしたものの、前日までの事前準備段階でも、誰がレポーターとして来校するかも知らされなかった。どうせNHKの年配男性社員が来るのだろう位しか、頭になかった。ところが当日、現場に現れたのは「嵐の松本潤氏」ではないか！エッ！絶句である。生徒は予期せぬ事態に、完全に固まってしまった。それも一日中、行動を共にして取材するというではないか！取材中は服装も、生徒と同じ作業服を着るという。困った！新品はおろか、先輩達が残していった、汚れたものしかない。どうしようかと困っていると、間髪をいれずに潤氏いわく、「それを着ますよ！」また、エッ！である。いくら何でも……。立て続けに「着替えはこの隅で大丈夫、いいですよ！」と言われ、汚い作業部屋であるにもかかわらず、サッサと着替え始めたのである。

レポーターの仕事に徹していると言えばそうであるかも知れないが、あまりにも気さくに接してくださる姿勢には、ただただ感心させられるばかりであった。このやり取りがあってか、生徒達の緊張は完全にほぐれ、良き兄貴分のように接していただきながら、一日中行動を共にさせてもらったのである。機体のトラック積み込みから、飛行場での機体降ろし・組み立てテスト飛行、さらには機体の分解・積み込みまで、休む暇もない状況のなか、粗末な昼食や粗雑なもてなしにも、笑顔で接してくれた。我々の知るレポーターは、飛ぶシーンだけ撮ればそれで充分なはずであるが、潤氏は違っていた。積極的に段取りや質問を行い、作業に携わる者の一員として、我々に溶け込もうと精力的に行動されたのである。潤氏の本業である音楽活動・俳優・バラエティー番組ならイザ知らず、全く別次元の作業に、こうも簡単に取り組めるのであろうか。長時間たてば、必ずどこかに芸能人らしさが出そうなものだが、それが全く感じさせないのである。それが**プロだよ！**と言ってしまえばそれまでであるが、生徒達にとって授業では得られないものを教わり、あらためて「松本潤氏の人間味」に感心させられたのである。

（服部）

2. 生徒回想文

○　私は機械科ですが、機械分野以外の作業にも加わり、専門外の樹脂の配合といった作業にも携わりました。経験のないこの作業は、正確さが求められ、正確さを欠くと樹脂が固まらなかったり、固まるのが早過ぎたりと、作った製品そのものが無駄になりかねない、大変シビアなものでした。実際、硬化が不十分で柔らかいままのハニカムが出来てしまったり、時間がかかってしまったためにカーボン繊維に樹脂が含浸しきらず、強度不足の物が出来てしまったりしたこともありました。それでも、何が原因だったのか、どのようにすれば効率良く出来たのかなどと、最善策を探って、探って完成させた製品は、たとえどんな小さな部品であったとしても、とても嬉しかったです。

このプロジェクトに参加して、経験のない作業でも、頑張って最後までやり遂げた時の、言葉にできない達成感を知ることができたのが、高校生活の中で一番の思い出になりました。

○　自分たちで実行してきたことですが、まさか本当にこのプロジェクトが成功するとは、思っていませんでした。

僕達が在籍していた当時、取り組んでいた作業は、主にメス型の作製でした。型の製作ばかりで、実物を作ったり、形になったものを見たりすることが少なく、正直なところ、あまり作業の進捗の実感が湧いてこず、それが一番つらく感じられることでした。とはいえ、どんな作業も大事であることは間違いなく、一生懸命に頑張ったことだけは、今でも良く覚えています。僕は樹脂の配合を主に任されていたのですが、作業に応じて配合の量を変えて調整したり、大量に作っても足りなかったときなどに、出来るだけ硬化時間に差が出ないように、微調整をしたりすることがとても大変でした。それ以外にも大変だったことはたくさんありますが、今回無事に成功することができ、本当に良かったと思っています。

最後になりましたが、僕達プロジェクト一期生の後を継ぎ、プロジェクトを成功へと導いてくれた後輩たちに、深く敬意と感謝の意を表します。

○　私がプロジェクトに参加した時は、オス型やメス型の製作に取り掛かっている頃でした。全体像も、はっきりとは分からない状態でした。その後、本体や細かい部品を作っていくうちに、やっと形がイメージできるようになりました。それからしばらくして、私は主翼に関わる作業に就きました。製作していく上で、資料が乏しいので、実験をしてはデータをとり、いろいろな方々の意見も参考にさせて頂いて、少しずつ作業を前に進めていきました。炭素繊維の特性を理解し、面積、気温等の条件に対応し、樹脂の硬化時間が迫る中、素早く作業をする必要がありました。度重なる苦難がありましたが、その都度、あらゆる方面から考え、工夫を凝らし、乗り越えていきました。そしてとうとう完成し、離陸した時には、とてもやり甲斐や達成感を感じることができました。

○　このプロジェクトに参加した当初、私は機体のメス型の研磨作業に携わっていました。作業をしていても、最初の頃はメス型が飛行機の形をしていなかったので、全然イメージがつかめませんでした。ずっと頭の中で、これは何を作っているんだろうと思いながら、作業していました。正直なところ、最初の一年はそんな感じのまま、ずっと作業に取り組んでいました。二年目に入ったころから、少しずつ飛行機っぽくなっていき、やっとそのあたりから実感が湧いてきました。主に部品を作ったり、樹脂を作ったりなど、いろいろな作業をしました。そして三年生になり、卒業を控えて、ぜひとも飛ばしたいという気持ちで作業を行いました。しかし、牽引実験までしかクリアできず、とても悔しい思いをしました。けれども、その後の後輩たちが頑張ってくれたおかげで無事に飛行することができ、三年間やってきて良かったと改めて思いました。

○　私がエアロメシアに加入した時は、本体の型や主要部品などを、まさにこれから作っていくという状況でした。オス型を何日も何日もひたすら研磨し、そのオス型を使ってGFRPのメス型を製作するなど、初めてやることがとてもたくさんありました。そして、学びながらモノをつくるということに、とても苦労しました。後輩がプロジェクトに入ってきた頃からは、本体のCFRPが始まり、自分が学びながら後輩に教えるという立場になり、さらに苦労するようになりました。

そして私が卒業した時に、機体の形が出来上がり、もう少しで動く姿が見られるという所でした。残念な気持ちとともに、「もっとこうしていれば」という後悔もありましたが、後輩に後を託しました。

やがてエアロメシアが完成し、実際に自分たちが作った飛行機が飛んでいる姿を目にした時、喜びとともに、肩の荷が下りたような安堵感も感じていました。

○　私はこのプロジェクトで、カーボン繊維を使い機体を成型することと、水平尾翼の製作を主に担当しました。最初の頃は戸惑うことばかりで、何をしているのかさえ全くわからないこともありました。でも、メンバーと協力して機体の製作を進めていくうちに、理解を深めることができました。特に、水平尾翼の補強では、穴を大量に開け、そして補強を行い、付け直してパテを塗るという、なかなか大変な作業を行いました。飛行機を飛ばすという目標のために、日々作業に取り組み、カーボンで飛行機の姿が出来た時は、とても感動しました。実際に飛ばすことができたのは、私たちが卒業した後でしたが、その時はとても嬉しく、達成感も強く感じることができました。いろいろな経験を積むことができ、エアロメシアの記憶は、私の一生の宝になりました。

○　私を含め一期生は、作業するための教室以外、何もない状況でした。どこから何を始めたらいいのかわからず、手間のかかる作業をすれば失敗の連続で、修復ばかりしていたような気がします。何度も何度も「仕事を増やすな！頭を使え！」と注意され、苦しく辛いと感じた時もありました。でも、飛行機の飛ぶ姿が見たい一心で、仲間と助け合い、忙しい時も暇を見つけては、楽しいことを計画したりして気力を持ち続けました。

　ですが、今から思えば、このプロジェクトは何一つ簡単な作業はありませんでした。行き詰れば、「なぜ、何の為にこの作業をするのか」ということを先生が分かり易く、丁寧に指導して下さり、時には「技と心・心の持ち方」についても、耳にタコが出来るぐらい聞かされたことが、不満を持たず作業をすることが出来たのだと、今では思っています。

　今、私はいろいろな人達と話をする機会が多い職業に携わっていますが、「自分は学生時代に飛行機を造っていた」と自信を持って言っています。自分の目でエアロメシアが飛ぶ瞬間を見た時は、これまでの人生で一番感動しました。全身鳥肌が立って、涙が出そうになりました。こういった、プロジェクトに関わる全ての時間が、私にとってはとても貴重な体験で、携わるチャンスを与えて下さった先生方には感謝の念でいっぱいです。

○「誰もやったことがないことに、あえて挑戦することに意味がある」という先生の言葉に惹かれて、この活動を始めたが、その道程は苦労の連続だった。誰もわからないため、先生や部員全員で意見を出し合い、やったことがないことに挑んだ。時には、意見の対立から、部員同士でケンカになることもあった。しかし、そういう衝突が起きるのも、部員全員が飛行機を飛ばしたいと思っているからこそであり、そういう場面を乗り越えていくからこそいいものができると思っている。今回、初飛行を達成したが、それは先生方や後輩たちのおかげだと思っている。私たちが卒業した後も作業を引き継ぎ、私たち以上に飛ぶことを信じて、諦めることをしなかったのが一番大きかったと思う。

もちろん、初飛行にはリスクがあり、それでも部品の供給等で協力していただいた企業の方、先生や生徒の支援があったからこその初飛行の成功であった。そのことを部員全員が理解し、忘れてはならないと思っている。

○　このプロジェクトに参加し、大変だったことは数多くあります。飛行機本体の内装の様々な部品を真空成型し、製作工程の完成度を100%以上に仕上げること。かなり厳しく強度試験を繰り返したこと。機体内部の補強をカーボンファイバーを使って、銅粉入り粘土で押さえながら真空成型をしたこと。本当にたくさんの困難がありました。

しかし今になって思えば、このようなプロジェクトに参加をする事ができたことは、すごく貴重な経験だったと思っています。飛行機作りに携わることによって、飛行機の知識の習得や、技術の会得だけでなく、あきらめずに続ける心、新しいものを生みだす喜び、またその大変さ、社会や会社の仕組みなどを知り、人間的に大きく成長することができ、とても感謝しています。

○　私はこのプロジェクトで、成型をしながら樹脂関係を担当していました。段取り、前処理、下処理、配合、在庫管理などが主な仕事でした。

樹脂は、機体はもちろん、型や炉にも使われており、それぞれ異なる40種類以上を使い分けていました。また、硬化にかかる時間は、気温や樹脂の量によって大きく変化します。そのため、作業の時間や内容に合わせた配合をする必要がありました。さらに粘度が必要な場合もあり、用途に合わせた調整も細かく行わなければなりませでした。

今から思うと、このエアロメシアは余りにも未知すぎて、難しい作業ばかりでした。失敗も多く、なかなか思うような成型が出来ず、創意工夫はするものの、挫折・挫折の繰り返しでした。でも初飛行に成功した姿を見た時、何とも言えない気持になりましたが、耐えて乗り切って得たものは多く、今の仕事や今後の人生に生かして行こうと思っています。

○　飛行機を製作すること、それがどれほど大変なことかということが、高校3年間で身に沁みてわかりました。

始めは機体の型取りのために、オス型を紙やすりで削る作業を、毎日繰り返していました。部品の製作に取り掛かると、強度について何度もみんなと話し合い、何度も作り直しを重ねました。完成した部品の機体への取り付けでは、機体の中に入り込み、さらに手が届きづらい所もあり苦労しました。真空成型で取り付ける時には、真空度が上がらず、大変な手間もかかり、その難しさに苦労しました。取り付けは位置関係が難しく、少しのズレでも連動性が変わってくるので、細心の注意を払って、固定しながら取り付けるのは大変でした。飛行機が完成するまで、本当に大変な毎日でしたが、飛行機製作に関わることができて、良かったと思っています。

○　もともと、最初からこの活動自体ぜんぜん乗り気ではありませんでした。飛行機に対して興味があったわけでもなく、たまたま見学だけだと言われていったところ、気がついたら参加していたのでした。初めのうちはやる気もなくダラダラ活動していましたが、続けるうちに少しは勉強になるかなと思い始め、そのころから真面目に意見を出し、先生や仲間と考えながら物づくりに没頭しました。時には仲間や先生と意見がぶつかり、喧嘩になることもしばしばでした。今では思いっきり言い合いをし、議論したことが良い想い出となり、心の支えとなっています。

最終的には自分達の手で飛ばすという形にはなりませんでしたが、後輩達が頑張ってくれたお陰で初飛行に成功しました。今でも鮮明に覚えていますし、自分自身、最後までやり抜き、貴重な体験が出来たことはとても意義があったと思います。

次世代の後輩達には自分達を超えるような、新たな物づくりを行ってくれることを期待しています。

○　私はこのプロジェクトでは当初より、現場での作業よりも、「連絡・調整・記録」といった業務を中心として担っていました。

作業に直接携わることの少なかった私としては、プロジェクトを完遂できなかったこと、満足に引き継ぎもできず卒業となったことは、あまりにも心残りでした。そこで卒業後も折に触れて、学校に顔を出すようにしていました。その中で、試行錯誤しながらも何とか前進している様子や、２・３期生たちが、私たちの卒業後に参加した後輩を指導している姿に接して、「成長しているんだなぁ……」と、しみじみと感じていました。

そして迎えた初飛行時、実際に現場に立ち会うことができました。そこで形になるだけで終わるのではなく、飛ぶという最大の目標を達成することができ、大きな感動をメンバーたちと共有することができました。微力ながらも、このプロジェクトに携わることができたことは、私の一生の宝にしていきたいと思っています。

○　私がエアロメシアに参加した理由は、誰も挑戦したことがないことに取り組めるということと、他では経験できない技術を学べると思ったからです。最初の頃は、指示されたことだけをやっていました。しかし、メス型の製作に取り組むうちに、形が見えてきて、飛行機を製作しているという実感が湧きました。そのうち、自分で考えて作業できるようになりました。２年目に入ると後輩もでき、指示する側になりました。自分自身の作業も忙しく、後輩への指示に苦労したりもしました。製作面では、様々な強度試験や試作品作りなど、試行錯誤の毎日でした。３年目に入り、先輩たちも卒業し、私たちがリーダーシップを執るようになりました。その頃には飛行機も形ができ、軽量化や内部の部品作りといった細かい作業のみとなりました。私のチームは、強度補強と軽量化の両立を行う、難しい作業を受け持ちました。後輩たちと意見を出し合い、試作を繰り返して、とうとう完成させました。この達成感は、他のものづくりでは感じることは出来なかったでしょう。見て作るのではなく、自分で考えて作ることの難しさも思い知りました。仲間と試行錯誤して、技術だけでなく、精神的にも成長しました。人生の糧としていきたいです。

○　私たちのプロジェクトの始まり、それは何もない教室からでした。そのことを、今でも鮮明に覚えています。様々な設備は、私たちが知恵を出し合い、徐々に整えていきました。大変な作業で、非常に地道な作業でもありましたが、世界に誇れる飛行機を製作した工場づくりは、本当に楽しかったです。

強度を保ちながらの軽量化を、細部まで追求し、推し進めていきました。成型が難しいCFRPの工法の確立などは、失敗を繰り返しながら、なんとか基盤技術を作っていきました。なかなか最適な答えが見つからず、悶々とした日々を送り、とてつもない失敗と検証を重ねて、強度の実証・工法の確立ができました。本当に、辛く苦しかったですが、技術の開発という点では、「やってやったぞ」と後輩たちに自慢できる活動になりました。

本当に苦しかった活動ですが、ものづくりの本質や、技術の世界の面白さ・奥深さに気づくことができました。これからも技術の世界で成長していけるよう、努力を重ねていこうと思っています。

年表

○平成21年

【川上学校長】

4月03日　50周年事業（NEXTMECIA）の研修のため東京の小型飛行機を製作している会社を視察

4月23日　NEXTMECIAの情報収集のため岡山県産業振興財団を訪問

7月19日　真空成型の試作品を製作

8月19日　初めての材料（カーボンクロス、ペーパーハニカム）の発注

9月17日　初めてのプロジェクト参加希望生徒研修会

10月08日　地元ケーブルテレビが密着取材

○平成22年

1月19日　地元企業より発泡スチロール材料の提供を受ける。

1月20日　地元企業よりブルーシート等の材料の提供を受ける。

2月03日　主翼Dボックスの試作が始まる

2月16日　ハニカムコンポの第1回強度試験

2月25日　1回目の進捗状況検討会

4月21日　エアロメシアの型の依頼のため福山市の木型メーカーを訪問

4月22日　桁の強度試験（1回目）

4月23日　サンケイ新聞取材

4月25日　岡山市の岡南飛行場で小型飛行機、モータグライダーを見学

5月12日　型の打ち合わせのため福山市の木型メーカーを訪問

6月10日　木型メーカーよりスチロール型の設計図が提供される

6月15日　地元の小型飛行機製造に関する有識者と意見交換

7月～　機体のスチロール製原型が順次納入され、メス型作りが始まる

8月26日　山陽新聞が取材

10月25日　地元ケーブルテレビが取材

11月25日　毎日新聞が取材（2011年1月6日全国紙1面に掲載される）

○平成23年

1月26日　地元化学メーカーに液晶ポリエステル繊維の活用について依頼し、材料の提供を受けることになる。

【中桐上雄校長】

4月05日　地元メーカーより2回目の発泡スチロール材料の提供を受ける

7月～11月　各種部品をカーボン繊維を使って試作し、強度試験を行う

9月09日　毎日新聞取材

12月13日　山陽新聞取材

12月14日　機体のデザインについて検討会議

○平成24年

4月06日　モータ、プロペラ、リチウムポリマー電池を荷台にセットして推進力の試験を実施

4月23日　胴体の落下試験で強度をクリア

4月24日　実際の取り付け方法で主翼桁の強度試験をクリア

9月25日　名古屋のメーカーでキャノピーを試作

10月31日　山陽新聞エアロメシアを取材

11月07日　すべての機体部位が完成し、組み立てを行う。その模様を山陽新聞、くらしきケーブルテレビが取材

11月10日　全国産業教育フェア2012岡山大会に機体を展示し、「作品・研究発表」で、岡山県の工業高校を代表してプロジェクトを発表

12月02日　エアロメシアプロジェクトメンバがエフエムくらしきに出演

12月13日　山陽新聞がエアロメシアを取材

12月18日　樹脂メーカより発泡ウレタン樹脂の提供を受け、ウィングレットの成形を行う

○平成25年

2月15日　笠岡地区農道離着陸場多面的使用許可を笠岡市長より受ける。

3月11日　日本教育新聞に記事が掲載される

3月30日　笠岡ふれあい空港で第1回の滑走試験（自動車でけん引）

4月～　機体の塗装開始

4月25日　地元のリチウムイオンバッテリーの開発を進めている会社に、バッテリー開発協力を依頼するために訪問

5月03日　笠岡ふれあい空港で第２回の滑走試験（卒業生藤澤君が操縦し、自動車でけん引）

5月11日　機体にバッテリー、モータ、プロペラを取り付け推進力の試験を行う。

5月13日　笠岡ふれあい空港で第3回の滑走試験（自力滑走）

5月13日　新しいリチウムイオンバッテリーが納入される

5月17日　推進力試験

5月22日　推進力試験を山陽新聞、読売新聞、西日本放送が取材。くらしきケーブルテレビでエアロメシアが生中継。

5月24日　朝日新聞がエアロメシアを取材

5月25日　エアロメシア完成披露式典（笠岡ふれあい空港）

7月01日　岡山県議会文教委員が視察

7月06日　三輪に改造して滑走試験をする

7月17日　機体識別記号JX0146を大阪航空局から受ける

7月25日～26日本工業化学教育研究会全国大会（宮城大会）に参加し「新素材・新エネルギーを活用した超軽量飛行機の製作～エアロMECIA夢への挑戦～」の発表

7月27日　一輪に戻し、両翼下に補助輪を付けて自力滑走試験

8月04日　自力滑走試験

8月18日　プロペラの方向をプッシュバックに変えて自力滑走試験

8月22日　文部科学省持田教科調査官がエアロメシアを中心に視察

8月26日　推進力試験

10月02日　航空法第11条第1項に基づく新規の試験飛行の許可を大阪航空局から受ける。（試験飛行のつど）

10月05日　航空法第28条第3項に基づく航空業務許可証を大阪航空局から受

ける。

10月12日　NHKエンタープライズが笠岡ふれあい空港で事前取材

10月26日　オープンスクールで初めてエアロメシアを展示

10月30日　エアロメシアをNHKエンタープライズが取材、レポーターとして「嵐」の松本潤さんが来校。笠岡ふれあい空港で自力発航試験

10月09～10日　全国産業教育フェア2013愛知大会に参加。エアロメシアの展示（愛知県体育館）

12月14日　自動車でのけん引で飛行を試みるが、横風でテストができなかった

12月25日　NHK「嵐の明日にかける旅」でエアロメシアが放映された

○平成26年

1月20日　岡山県産業教育懇談会でエアロメシアの取組を発表し、展示

1月21日　生徒総会で全校に取組を発表

3月20日　組み立て方法を後輩に伝達講習

3月22日　機体構造を尾輪式に改造し、自動車でけん引して機体が浮揚した

【長尾隆史校長】

4月14日　朝日新聞取材

5月19日　調整ピッチ式のプロペラをフランスより購入し、動力試験を始める

6月14日　調整ピッチ式プロペラで自力発航試験

6月28日　自動車でのけん引飛行試験を行い、RSKが取材

9月27日　自力発航試験

11月30日　玉島環境フェスティバルに展示

○平成27年

4月22日　出力アップしたリチウムイオンバッテリーを借用のためバッテリーメーカーを訪問

5月06日　新しいバッテリーを使って自力発航試験したが機体は浮揚しなかった。

6月～　推進力試験用にモータとプロペラを取り付ける治具を作成し、テ

ストを繰り返す。その中でコントローラの課題が浮上し、新たにコントローラを購入し、回路の改良を行った。

9月15日　航空法第79条ただし書きの規定により飛行場以外の場所における離着陸許可を受ける

9月21日　改良されたコントローラと新しいバッテリーの組み合わせで自力発航試　験を実施し、初めて自力発航でのジャンプ飛行に4回成功した

10月17日　エアロメシア飛行お披露目会を行い、2回の飛行で成功を祝った。

12月23日　高校生による岡山空港文化祭「クリスマスフェスティバル2015」が開催されエアロメシアを展示した

12月25日　バッテリーメーカーにリチウムイオン電池の貸与についてお礼の訪問

○平成28年

3月18日　エアロメシアプロジェクト解散会

こののち、オープンスクールや文化祭などでの校内展示や、校外での多くのイベントに展示して、本校の取組を紹介している

(坪井)

索引

英数字

1/10000　19, 25
1.7°　100
2次モーメント　55.62
3D　20
　曲線　110
4点掛け　126
4G（3.8G）　54, 78
7°　104
45°　98
160°　106
ABS樹脂　110
A・Hマスロウ　33
CFRP　18, 28, 107, 112, 116, 117, 120, 130
　単体　73, 81, 105
　製パイプ　125
C型チャンネル　96, 114, 116
Cクロス　72
Dボックス　67, 83, 99, 100
FTタイプ　132
G(ガラス)クロス　70
Gサフェーサー　72
GFRP　28, 72
FRP　123
HRVaBM　45, 64, 117
　法の基本　72, 73
HPSF　71, 81, 91, 99, 123
ITやAI　29
JAXA　9, 41
LCP繊維　37, 57, 78, 94, 97
L字真空接着　83, 100, 104, 107
　オハギ接着　105
MGF（メインギヤ）　79, 82, 117
PC作業　20
PET　71
PEフィルム　123
RTM　64
T尾翼形式　39
TV値　48
U字型軸　121
UD　95, 97
VaRTM　64
VaBM　64
W=300Kg　46

あ

アクチュエーター　78, 85, 116
アクリル板　121
　キャノピー　122
　フリー　122
アジャスター　97
アセトン　74, 144
圧力ガン　144
圧縮試験　74
アメやムチ　24
アルミニウム管　57, 85, 112, 116
アール面　75
後縁　98, 100
鐙状　100
油粘土　110, 124
炙り曲げ　110
安全管理　25
　性　78
　対策　126

い

イギリス積　94
異作業間　33
位置移動　120
インプット　26
引火性危険物　74
インク吸い取り器　75

う
ウイリアム・N・シェルドン　33
ウイングレット　101, 123
烏合の衆化　24
薄型　132
ウッドシーラー　94, 110, 111
ウネリ　28
ウルトラライトプレーン　41
ウレタン樹脂　66, 121
　ゴム系　127
運動部顧問　21

え
エアロメシア　3, 4, 9
エアロメシア・プロジェクト　4, 9
エアロジル　74
営利　35, 38
液晶ポリエステル　57, 78, 96
エッジ幅　68, 115
エポキシ樹脂　64
エルロン　103, 126
　面　68
　桁　98, 103
　スキン　98, 103
　ロッド　100
　ヒンジ枕　102
　用クランク　112
演歌　24
エンジン　129

お
岡山県教育庁　10
オス型　19, 64
オートクレーブ　20, 64, 73
オハギ　92, 105
　接着　107
　真空接着　119
温風ヒーター　88

か
加圧状態　93
外国人研修制度　29
回転方式　66
　用ヒンジ　108
　制御　133
ガイド　126
　溝　91
界面活性剤　87
外乱的要素　30
回路図　128
回転出力　133
価格リスク　20
格言　23
角度変換ヒンジ　116
　可変型　126
加工方法　27
　手順　27
笠岡ふれあい空港　9
かさ比重　65
課題研究　31, 36
滑空速度　47
可動式　120126
金型受け穴　112
加熱炉　71, 113
過負荷　34
下部補強　108
カビ発生　24
可変抵抗器　133
カーボンクロス　64
　繊維　5, 18, 78
蒲鉾型　75
紙型原型　112
ガムテープ　88
空研ぎペーパー　66
ガラパゴス化　30
ガラス繊維　110, 123
カリキュラム　30

カリ石鹸　110, 123
仮接着　101, 103, 107, 113, 116, 117
　固定　118
簡易加熱炉　91, 119
完全硬化　68
完成率　25

き
機械加工　123
木型屋　20
企業との連携　31, 36
企業実習　31
危険物　22, 25
疑心暗鬼　21
機体構造　64
機体総重量　46
　　スキン　81, 88, 90, 120
キッチンタオル（ペーパー）
　87, 95, 114
機能分化　32
ギャザー　90
キャノピー　37, 65, 126, 128, 133
急ブレーキ　119
教育システム　31
教育特区　33
胸襟　22
教職員業務　34
教則本　22
強度補強　120
鏡面仕上げ　28, 66
境界線　34
極小部　86
曲面真空接着　84, 113
許容引張応力　62
琴線　23
金属試験機　74
　　シャフト　120
　　ベアリング　78

く
空気質量密度　46
空気吹き込み口　68
駆動部　125
　　ヒンジ　116
　　　補強リブ　117
組み木状　80
グラスファイバー製園芸支柱　144
暗闇に一筋の光　20
クランク　111, 112, 125
クランプメーター　131
クリーンエネルギー　9
車用パテ　66
クロス目　75
　　積層板　117
グローバル化　31

け
経営リスク　20
計器パネル　128
経費削減　133
軽量化　39, 77, 85
桁　76, 83
　ケース　76, 126
　ガイド　92
　成型　94
　接着面　99
　挿し込み　91
結晶水　124
結線回路　43
ゲル化タイム　89
ゲルコート　67
原型表面　66, 123
　　表皮　66
原材料物性　27
研磨作業　66
　　ペースト　66

こ

高圧スプレーガン　66, 67
　チューブ　120
硬化剤　88
　速度　64
　度　27
ゴーカート　109
抗菌剤　24
格子状　69
硬質PEパイプ　127
後塵　31
高性能グライダー　41
高専　30, 31
構造変革　32
　補強　81
高電流　126
高度計　44, 126
高粘度樹脂　92
後部胴体　84
高密度ポリスチレンフォーム　69
後輪　120, 126
　フレーム　121
個人面談　22
国家試験　31
コックピット　39, 82, 85, 120, 126
固定ピッチ　130
コーディネート　35
諺　24
コミュニケーション力　26
ゴムヘラ　73
ゴルフカート　117
コンセプト　18, 39
コントローラー　130, 133
コンプレッサー　72
コンポジット　128

さ

再編　32
採寸カット　114
再生可能エネルギー　39
最大揚力係数　46
材料費　22
挿し込み方式　126
サゼッション　38
作業穴（口）　92
座席シート　82
サフェーサー　67, 78, 112, 114, 144
サランナップ　119
三角L字　107
　リブ　115, 118
産学協同実習　36
賛辞　38
残存潜在　33
サンドペーパー　99, 123
サンプリング口　71

し

四角柱　117
自我の抑制　23
軸受　86
　金型　112
　ケース　121
　フレーム　121
ジグソー　102
冶具　114
試験ピース成型　74, 75
思考力　32
自己管理能力　24
自己犠牲　23, 37
自殺行為　38
自在ボックス　110
　曲線定規　144
支持待ちマン　21
　台金具　109
システム　120
支柱部分　125
失速速度　46, 49
シート　109

ベルト　126
自動車用サフェーサー　116, 144
パテ　123
表面塗料　144
市販と同等　76
使命感　21
シールパテ　65, 90
謝辞　38
シャフト　80, 120, 121
軸受　121
車輪フレーム　124
邪魔板　71
ジャンプ飛行　39, 45
収縮　65
重心位置　126
柔軟性　132
集成木材　65
授業時間数　29
確保　31
主車輪　39, 41
主要計器　128
ジュラルミン（ジュラ）　78, 111
熟練技能　33
樹脂含浸　100, 103, 128
量塗布試験　73
種別化　32
主翼翼型　46
強度　54
面積　46
後縁面　68, 98
上下捻れ防止棒　99
ストリンガー用桁　101
組み立て　125
衝撃力　80
緩和法　125
上部スキン　104
初級機用　41
昇降舵　44, 111, 116, 125
面荷重　49
ヒンジ軸荷重　50
ヒンジ部　57, 116
桿　51
職業魂　38
シリコンコーキング　97
ゴムヘラ　87
試験検証　73
新素材　3, 18, 37
進学率　30
真空成型　65, 69, 83, 88, 90, 92, 97, 98, 101, 104, 106, 107, 108, 110, 111, 113, 116, 117, 120, 124
接着　99, 115, 117, 118, 120, 122, 125
チューブ　114
手積み法　45
パテ　73, 74
引き接着　84
変形　72
ホース　73
ポンプ　64, 74, 88, 99, 113
前処理　115
漏れ対策　92
新高等工業校　31, 33
振動対策　126

す

スイッチ　126, 128
推進力　129
推力実験　130
垂直尾翼　39, 85, 90, 92, 106
容積比　48
面突風荷重　53
面操舵荷重　53
スキン　92
吸い止め加工　110, 112, 122, 124
水平尾翼　39, 68, 91
スキン　107

スケートボード　127
スケルトン　72, 78
筋交　113
スタイロフォーム　71
スチレンフリー　66, 69, 123
スティックタイプ操縦桿　44
ステー　114, 125
ストッパー　125
ストリンガー　81, 83, 84, 87, 90
ストレート　112
　　クランク　112
スパン　85
スプリングテコ　93, 119
スペック　128, 132
スポンジ　126
スロットルレバー　44, 133
寸法誤差　28
　精度　65
　変化　97

せ

制御方式　44
成型工程　75
　前処理　87, 90, 97, 106, 110, 111, 112, 121, 122, 124
　方法　27
　材料　35
制限荷重　48
　運動荷重　57
生産構造変革期　38
静止推力　130
制動能力　119
積層樹脂　66
　板　117
設計運動速度　46
　寸法　99, 106, 116, 117, 120, 124
石膏　97, 110, 123
　ボード　72
　メス型　123
接着エッジ　90
接合部　80
切断加工　113
セミモノコック構造　81
全荷重　77
前後歪み防止棒　100
センターウォール　42
せん断応力　57
旋盤　116
前輪　120, 126

そ

創意工夫　24
創造力　31, 32, 36
　的意思　32
雑巾掛け　144
操作力モーメント　57
操縦桿　110, 125
　　自在　78
　　シャフト　111
操舵荷重　53
増粘剤(エアロジル)　89
　樹脂　100
速度計　44, 126, 128
ソケット　101, 124, 125
速乾性　69
ソーラー　18
　　受け　101
　　桁　98
　　寸法　68
　　飛行機　6
　　フィルム　132

た

第一線　30
大学編入　31
醍醐味　34
耐久性　78

耐空性審査要領　41
耐衝撃性　120
体積膨張　120
タイムリー　34
タイヤホイール　80
ダイヤモンド刃　95
太陽電池　9, 39
大容量　129
多数取り　114
縦割り感覚　32
タフタ　72, 74, 87
脱泡　87
ダミーシャフト　121
多量生産　64
撓み　28
炭素繊維　6, 9, 39, 45, 57
段取り　24, 27
段ボール　92, 110, 113, 119, 123

ち

チーム力　23
チャレンジ　6, 9
着陸滑走距離　47
　進入速度　47
中間技術者　29, 31
超過禁止速度　47
超軽量飛行機　41
超熟練　26
調整ピッチプロペラ　131
調理用ラップ　92
直線主翼部　97

つ

月とスッポン　20

て

抵抗器　131, 133
定量　88
ディスクブレーキ方式　45, 119
　パッド　120
デジタル的　27
手探り状態　22
テストフライト　9
鉄板メス型　121
天候不順　132
電圧計　43, 128
電気エネルギー　129
　回路　131
　変換率　132
電動式　129
電流計　43, 128
電流制御　44

と

洞察力　32
当日初見　33
通しボルト　117
到達点　22
突風荷重　53
胴体補強　82
　後部　90
　前部　92
　スキン　125
銅粉　94
動力装置　128
　推進装置　128
塗膜厚　144
トラス構造　81
トライ&エラー　78
トライブリッド　表紙, 3, 7, 9, 18
ドライヤー　88, 99, 119
トラクタータイプ　130
取付角度調整ボルト　61
トール　74, 88

な

中子　115
鉛バッテリー　129

に
入力電圧　133

ぬ
抜き勾配　20, 108, 111, 124, 125

ね
捻れ　28, 65, 83, 113
　試験　76
　防止（棒）　100, 125
熱硬化性エポキシ樹脂　88
粘度　27
燃料電池　4, 9, 18, 39, 126, 133

の
農耕用タイヤ　42
　ポリエチレンフィルム（農ポリ）
　72.74, 88, 99, 103, 105, 107, 112, 122
ノーズ　126, 130
伸び　28
ノンパラ　66

は
配線図　43
剥離　78
パイオニア　6, 8
バイブレーター　66
破壊試験　23, 64
発想力　32, 36
破断荷重　57
バータム法　45
バーチャル思考　27
パーツ　117
パック　129
パッチワーク　87
バッテリー　126, 129, 130
　電力不足　132
発展途上国　29
発泡スチロール　20, 65, 66
　ウレタン樹脂　123
　体　123
ハニカムコンポジット　73, 74, 83, 94, 99, 103, 104, 106, 108, 118, 122
　片面　74
　コンポ単品　76
　真空成型　74, 76
　セル面　76
　内　74
ハメコミ圧着　100, 104
春巻き状空間　78
バルサ材　124
パワーコントローラー　127
半円柱　81, 84, 99
　補強　88, 90, 98, 103, 107, 110
　フレーム 118
半ゲル化　123
判断力　32
パンチング　117
ハンドル　127
ハンドレイアップ　表紙, 64

ひ
飛行用計器　43
歪み　83
　防止（棒）　101, 125
引張強度　55
ピトー管　126
平織り　73
ピールプライ　72
表面加工　66, 123
　処理　108
　粗化　114
ヒンジ（位置）　101, 126
　角度調整　101
　成型　122
　部　57
　枕　102

ふ
ファンヒーター　71, 88, 99
風圧力　86
付加価値　37
服務規定　34
物性　23
　試験　74
プッシュ・プルロッド方式　44, 85, 112
　バックタイプ　130
フットペダル　44
不飽和ポリエステル　66, 72
フレーム　80, 81, 84, 88, 90, 92, 120
プライ　68, 88
フライス盤　108, 126
ブラシモータ　128
ブラックボックス　128
プリプレグ　64, 73
プーリー　133
ブレーキハンドル　120
プロペラ　130
　支柱強度　62
プロペラ取付角度調整ボルト　62
フロンティア　6
分解型　64
分業発想　31
分析力　27, 32
文武両道　18

へ
ベアリングボックス　111
平行翼先　127
ペダル　111, 120
ヘッド部　83
ベニヤ合板　19
ペーパー（紙）　114
　ハニカム　6, 94
ベルクランク　112
変革醸成　25
変形性　78

ほ
ホイール　41, 42
方向蛇　44, 68, 78, 107, 108, 120
　ヒンジ軸荷重　50
　ペダル　52, 126
　面荷重　49
　取り付け桁　91
包帯　125
膨張　65
棒ヘラ　124
補強リブ　69
　接合　84
　材　118
補助電源　126, 132
　翼　44, 54
　　操作力　52
　　ヒンジ軸荷重　50
　　面荷重　50
　輪（車輪）　39, 124, 127
ほつれ　75
ポバール　66, 87, 98, 133
ボリューム　127, 133
ホールソー　102
ポンプシリンダー　120
ボンベ　126

ま
巻寿司　76, 94
曲げ試験　74
　応力　63
摩擦　28
マスキング　122
　テープ　144
マジックインク　144

み
ミシン　112

未経験　27
未樹脂含浸ハニカム　128
水工カラー　4
未知数　21
密度　71
ミーティング　22, 24
ミニマムエッセンシャル　30
未反応残渣　144

む
昔の工業高校　29
無償提供　35
無線交信　126

め
メインギヤ（MGF）　79, 82
メイン支柱　86
メシアシリーズ　18
メス型　64
　法　64

も
木製丸棒　83, 116
　メス型　112
目標値　28
模型ラジコン　18
モジュール　132
モータ　86
　グライダータイプ　39
　ケース　86, 108
　支柱　126
　出力　130, 133
　発生トルク　49
モノコック構造　81
モル比　88
問題解決力　32

や
役割分担　31

ゆ
油圧ポンプ　120
有人飛行機　18
夢実現　19

よ
横尺方向　103

ら
ラダーワイヤー　111
ラッカーシンナー　144

り
離型　72
　剤　66, 87, 110, 116, 123
　ワックス　68, 72
リスク　22
リチウムイオン電池　9, 18, 37, 39, 132
　ポリマー　129
立体化　112
離着陸時　82
リブ　78, 83, 86
　角度冶具　99
量産可能　18
両面テープ　132
離陸速度　47
　滑走距離　47

れ
冷水　89
レクチャー　22
レーザー光線　100
レベル　23, 30
　アップ　23
レール　82, 118
連絡調整　34

ろ

ロック形式　126
　　　ピン　97, 106, 126
ロッド　78, 85, 114, 126
　　　エンド　60, 114
ローラー　126
ロール　74

わ

ワイヤー　85, 126

編集後記

「東に白壁の街並み倉敷を臨み、西に高梁川のせせらぎを眺む、ここ、倉敷西阿知の地にそびえ立つわが母校！」耳に響く応援団のエールの中でも称えられる、母校の創立50周年に向け取り組んだ、ビッグプロジェクト「エアロメシア」が、ひとつの区切りを迎え、「エアロMECIA～夢への挑戦～」を発刊することになりました。

水島工高では、かつてより、「フロンティア・パイオニア・チャレンジ精神」という言葉を根底に置き、教職員も、生徒も共に汗を流し、心をひとつにする「ファミリー精神」で多くの学校行事に取り組んで来ました。「本物を目指せ！」プロジェクト開始当時、赴任された校長が、新たに掲げた新しい合言葉が、このエアロメシアの完成を物語っているように思います。

爽やかな秋風の吹く、青空の下でのあの日、多くの見学者が見守る中、緊張と期待の飛行場、滑走路を加速して離陸、飛行したことは、記憶として鮮明に残っています。

多くの先生方と共に取り組んだ生徒達の努力は、何物にも代えがたいものです。私も卒業生の一人としてこのプロジェクトの成功を誇りに思います。

この度、この本を発刊するにあたり、同窓会として、ご協力させていただくことになりました。多くの方々に読んでいただき、エアロメシア製作に関わった方々たの努力・執念・根性・生き様を感じていただけたらと思います。そして、物づくりの楽しさや素晴らしさも分かっていただけたらと思っています。

皆様にはこれからも、校歌にある「工業日本の旗手たらん！」を目指しながら、工業人を育成する母校の成長や、さらなる飛躍を楽しみに見守っていただけたらと思っています。

最後に、お忙しい中、心のこもった文章をいただきました皆様に、心より深く感謝いたします。

益々の母校の発展と、関係各位のご活躍とご健康を祈念して、発刊の言葉とさせていただきます。

（岡山県立水島工業高等学校同窓会事務局長　池田　勲）

協力いただいた企業

部品・材料関係

（株）アクレート、アロイ工業（株）、ELECTRAVIA（フランス）、Electra Flyer（アメリカ）、（有）大下木型製作所、倉敷紡績（株）、（株）クラレ、（株）ケイ・アイ・エス、昭和飛行機工業（株）（鈴英）、住友化学（株）、ダイエイ インターナショナル コーポレイション（株）、ダウ化工（株）、東レ（株）、（株）トラヤ塗料店、名古屋樹脂工業（株）、日新レジン（株）、萩原工業（株）、（株）日の出運輸、（株）日ノ出化工、ふれあい空港（笠岡市）、（株）マウビック、三菱ケミカル（株）、（株）両備エネシス

（五十音順）

教授・見学関係

航空局（大阪）、JAXA（調布）、AIRCRAFTオリンポス、（株）カドコーポレイション、岡山グライダークラブ、関西エアロスポーツクラブ、山陽鉄工（株）、明大（株）、（株）戸田レーシング

（順序不同）

製作担当者

藤原重喜　皆木 学　藤井利昭　藤村昌之　安達 毅　小河原東仙　宮本敏行　河原正巳　佐藤輝明　栗原輝之　花房浩二　脇本正弘　片山博隆　塚本みほこ　守屋光章　榊原洋彰　北田尚稔　三宅秀俊　坪井輝明　服部亮一　平岡晃章　藤沢創太　瀬戸口 廉　山川健太　甲斐健次　原田遼河　三宅智裕　赤澤佑亮　山本涼太　行安隆造　白神拓也　吉田磨人　杉平 陸　武田弘平　赤澤憂弥　中尾迪恩　機械工作部（H26,27年度卒）　生徒会

（順序不同）

水島工業高校MECIAプロジェクト

創立当時（昭和37年）から、放課後を利用した自由研究なるものがあり、各科競い合いながら研究に没頭（昭和52年頃まで）していた。併せて、学校備品等も科の特徴を活かし、製作するようになり、科を越えての協力体制が形成されて行った。各科別の研究は無論のこと、エキスパートである5科の生徒が結集されれば、さらに、高度な技術力を必要とする物が造れるのではなかろうかと、取り組んでいるのが、このMECIAプロジェクトである。
（執筆者：三宅秀俊、坪井輝明、服部亮一）

エアロMECIA ～夢への挑戦～

2018年2月28日　発行

編・著――水島工業高校MECIAプロジェクト
発　行――水島工業高校同窓会
〒710-0807 岡山県倉敷市西阿知町1230
TEL：086(465)2504　FAX：086(465)4598
http://www.mizuko.okayama-c.ed.jp/
発　売――吉備人出版
〒700-0823　岡山市北区丸の内2丁目11-22
電話086-235-3456　ファクス086-234-3210
ウェブサイト http://www.kibito.co.jp/
Eメール books@kibito.co.jp
振替01250-9-14467
印刷所――ノーイン株式会社
製本所――日宝綜合製本株式会社

ISBN978-4-86069-533-0　C0053